耕读传家解密

邓箫文·著

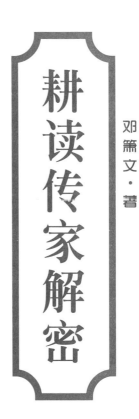

九州出版社
JIUZHOUPRESS

图书在版编目（CIP）数据

耕读传家解密 / 邓箫文著． -- 北京：九州出版社，
2019.7（2023.1重印）

ISBN 978-7-5108-8183-1

Ⅰ．①耕… Ⅱ．①邓… Ⅲ．①家庭道德－研究－中国
Ⅳ．① B823.1

中国版本图书馆 CIP 数据核字（2019）第 134071 号

耕读传家解密

作　者	邓箫文　著
出版发行	九州出版社
地　址	北京市西城区阜外大街甲 35 号（100037）
发行电话	（010）68992190/3/5/6
网　址	www.jiuzhoupress.com
电子信箱	jiuzhou@jiuzhoupress.com
印　刷	三河市嵩川印刷有限公司
开　本	880 毫米 ×1230 毫米　32 开
印　张	7.75
字　数	174 千字
版　次	2019 年 11 月第 1 版
印　次	2023 年 1 月第 2 次印刷
书　号	ISBN 978-7-5108-8183-1
定　价	49.80 元

前　言

　　家是最小国，国是千万家。家风是国风基石，家风立则国风立，无数家风中的共性，便是国风。中国当下正走在文化复兴的康庄大道，传统文化中的精华需要创造性地传承，已是社会共识。倡导优良家风家训正是我们中华民族实现伟大文化复兴的有效路径，因此，作为家风家训中最重要类型、直接构成我们中国人品格与价值观、影响了整个中国历史进程的"耕读传家"，难免需要承担重要的文化与历史使命，这既是历史的选择，也是文化的选择。

　　当前社会，正在进入普遍重视耕读传家的阶段，不同家族的成员们在自述或接受采访时，普遍认为自己祖宗当年传下来的家训就是"耕读传家"，数不清的民间教育机构事实上已在热火朝天地进行耕读传家应用。然而由于种种原因，普遍对"耕读传家"还处于感性认识阶段。以此现状，自然很难触及"耕读传家"的本质与内核，耕读传家的育人功能往往止步于形式，比如大家耳熟能详的仪式感、体验等新兴名词使用频率很高，呈现出来的却只是穿着汉服读读经典，参加一下类似于开耕仪式，拿把锄头到地里做一下样子……因此，我们不妨设想，"耕读"如果只是农夫加书生的简单的量上的叠加，绝不可能风行千年，更没有继续传承下去的必要。

本书的出现，希望可以起到一定的指引作用，同时也是抛砖引玉，希望更多学者参与到这个很有意义的研究中来，不断完善这个理论体系。

本书从耕读传家的定义、内在逻辑、产生、定型、构成要素、基本特征、家训类型分类与比较、脉络走向、现实应用、当下传承方法等方面进行了前沿探索与系统阐述行。

大多数人不知道的是，"耕读传家"的核心是实践，是生活化的教育，外化指向为致良知、养品格，然后是知行合一，实现对人本身的自我提升与完善。这点上，与王阳明的知行合一有相似之处，却在实现路径上有很大不同。王阳明心学更多的是讲究直接体悟，却不具体，是泛路径化的体悟，会出现因人的经历、阅历、慧根的不同而效果而异的情形。与此对比，从1100年前，章仔钧夫妇在《章氏家训》首倡"耕读传家"以来，以章氏家族及其他无数耕读传家家族的发展事实观之，培育后人、家风传承的效果呈现出非常稳定的状态，这也是曾国藩、左宗棠等坚守且大力推行"耕读传家"的原因。

我将章仔钧、曾国藩、左宗棠称为"耕读传家三圣"。在耕读传家领域里面，这三人所做的贡献巨大，章仔钧为首创者，在此之前中国只有耕读文化，对于以耕读作为明确的路径达至期望中的家族传承效果只有模糊的感性的认识，曾国藩、左宗棠二人则为耕读传家集大成者，尤其是曾国藩，不仅从祖训中总结出传家八字诀，而且以家书形式构建了完整的由生活点滴构成的执行系统，且时时督导。

随着本书面世与推广，学术界难免会提出一些问题："《耕读传家解密》既然是一本学术著作，为什么会在著作的后半部分安排了那么多的家族往事，所占篇幅比例是否过高？耕读传家难道只是家族内部的事吗？难道耕读传家的目标就是为了打破富不过三代吗？学术逻辑在哪里？是不是方法论上有偏差？"

本书写作体例上，这点却是有意为之。如前述，家与国，在西汉武帝以后的中国文化传统上是密不可分的，家国天下不仅仅是儒家思想，数千年来早已在"文以化之"中变成我们每一个中国人的文化基因，以致我们的生理年龄只有几十年，我们的文化年龄却已是至少三千年。至少在公元前1046年，周武王率领将士从朝歌凯旋仰天高唱"我求懿德，肆于时夏"的时候，我们的文化基因就已种下。到了现代，人们逐渐认识到，人的社会属性应分为家庭、社会、人类三个维度，以血缘关系组合起的有承继关系的家庭构成家族，再由无数的家族构成国家，人类原本就是一个命运共同体，经常跳出狭隘的血缘关系与宗法制度看待人类自身与思考安身立命之道。

况且，文化的生命在于应用。因此，若要考察某一文化现象，回到此文化现象的本身，甚至深入参与应用，才是最有效的方法。比如，考察"耕读传家"的重要性，必须选取各个不同的家族为考察对象，进行类型划分，以其纵向发展情况进行横向比较，目的是考察其家族整体影响力与"耕读传家"内在的关系。然后，建立由此及彼的关联性，由家训推演至家风，由家风推演至国风，因此，这种逻辑是成立的，以此解决问题的方法论应该也是可以接受的。

至于"富不过三代"，只是千百年来人们的通俗说法，注意，此语境里的"富"，并非纯指物质上的富，而是家族的整体事业，包括且不限于物质、地位、功名、家风，可以看作是对儒家亚圣孟子名言"君子之泽，五世而斩"的生活化解读。有见于此，书中专门摘引了耕读传家集大成者曾国藩与左宗棠非常精辟的感悟与论述。

随着研究的深入，愈是发觉"耕读传家"是一个极好的文化现象。原以为只是一个小山洞，却在走进来之后发觉原来别有洞天，体量大得惊人，大大出乎当年由于考虑到国学大无边际无法框定的特点而择其一点进行突破的初心，就像一副高像素的望远镜，站在这儿，竟然可以管窥整个中国文化历程，原来，这是中国一座巨大的文化宝藏。若将这望远镜转向西方，此时视野更大，原来，西方也有耕读传家，只是由于文字的不同而产生表述上的不同。此事实可与书中"耕读传家属于全人类共有的家族传承方法"的论断相互印证。

在书中，为更好地说明耕读传家内部的相关逻辑关系，用了由此及彼的线性数学模型；为使读者更好地理解家长对于下一代教育上的焦虑，用了层次分明的金字塔数学模型。我发觉这些量性分析工具很有用处，简单明了，令人印象深刻。本书写作过程中，还发觉有一个工具特别好用，那就是——时间。将人类家训史、耕读文化、耕读传家历程、家族传承状况分门别类串连起来后，以时间为刀，按纵立面进行截取、分解，再糅合，跟着此书的视角一路行走，读者朋友应该很容易发现，原来人类的耕读传家史并不是那么复杂，原来打破中国人富不过三代的历史魔咒，实践起来并非想象中那么艰难。在研究中，我总结出一些具体的"耕读传家"工具，如"传家十二艺"。这十二艺是在古代六艺基础之上，结合此前千年各耕读传家家族的育人方法与体会，具体可以表述为"礼乐射御书数，耕扫棋画武行"。在比耕读传家更高维度的文化学层面上，文化的定义、文化位阶论、中国文化本质论等相关的十多年研究成果也收录进了进来，目的是希望有助于读者对耕读传家的深入了解与交流。

作为研究者，欣慰于可以大胆地以交叉应用学科的方法应用于文化学研究，希望这样的尝试具有正面意义。这应该是一种创新，不同于大家常见的文化研究著作中的单一文字表述方式。

事实上，顺便带出的这些情况，从另一个侧面反映出了我的担忧：尽管西方文化学的研究已走过了一百多年历程且取得了显著成就，但严格意义上讲，文化学在全球范围内仍是一门未成熟的学科，一些重要理论问题尚未得到较为圆满的解决，如文化学与文化人类学的关系，如什么是文化。但是，若非从更高层面承认与确立为独立学科，以使更多学生展开系统学习，以使更多学者进入这个领域，这些问题在相当长时期内仍将难以解决。当今的文化复兴路上，似是到了文化学常识包括耕读传家等家风家训常识需要大力普及的时刻。学术界与"耕读传家"相关的情况如前述，而在更为广泛的民间，很多人往往不知如何以某一文化现象及其发展规律有前瞻性地运用于自身事业，甚至经常闹出类似言必称文化、文化是国学、文化学是文学、作家是文化学者的笑话，却不知一字之差，关公变了秦琼。文化强国，似从大众强起。回到耕读传家领域，也许是因为当前仍未成为显学的缘故，国内很少发现有这方面的学术交流，以致难免内心深处的孤独。

作为本书作者，希望以书中的研究成果，促进大众在当下各种让人眼花缭乱的家训中思考并找到属于自己的方向，正确认识"耕读传家"的各种现象与文化内核，知其然并能知其所以然；希望能为大众解开隐藏在"耕读传家"里已达千年的家族传承密码，从而凝炼出自己家族的家训，发扬或自此创建良好家风；希望我们祖国一代又一代的花朵们在看到此书时，从中吸取营养，从小养成家国天下情怀，从小养成好的行为习惯、思维模式、全球视野、心理承受能力，从生活与学习的实践中体悟责任担当、价值观与大格局。

苍天在上，从这份初心出发，一切都必将是美好的，必将是可以成就的。

邓箫文

2019年5月27日

导　论

　　中国古代家训堪称先人留下的为人处世宝典，在中国古代家庭教育中发挥了重要作用，历代王侯将相对此都很注重，民间更是如此。周公教育侄子成王要言而有信，保持君王威严，首开帝王家训与仕宦家训的先河，把训诫子侄提到帝王家兴衰存亡的高度来认识。以"耕读传家"为核心内容的家训蔚然成风之后，类似于"耕读传家久，诗书继世长"的感悟，与耕读相关的建筑、匾额、石碑、家书、生活方式、家族传承方法一起深深影响了中国文化和历代中国人。

目 录

第一章

第一节　耕读传家的定义

当今通行理论认为："耕读传家指的是既学做人，又学谋生。耕田可以事稼穑，丰五谷，养家糊口，以立性命。读书可以知诗书，达礼义，修身养性，以立高德。"

此定义解释了耕田与读书的意义，但未触及"传家"这个"耕读"的目标指向，从而忽略了这个词语的由来与提出者的根本目的，即未在整体上、关键点上进行阐述，因此这个定义至少是不准确、不严谨、不完整的。

耕读传家的定义

我给耕读传家下的定义是这样的："耕读传家"，指的是通过在大自然中劳作并在劳作之余读书学习，创作研究，体悟实身立命为人处世之道，以此建立与传承良好家风，使家族基础扎实至可持续发展的一种家族传承方式与文化现象，是"修身齐家治国平天下"儒家思想终极目标的继承与实现的路径。

——文化学者 郑顺文

南海西樵平沙岛耕读传家国学园

我给耕读传家下的定义："耕读传家"指的是通过在大自然中劳作并在劳作之余读书学习、创作研究，体悟安身立命为人处世之道，以此建立与传承良好家风，使家族基础扎实至可持续发展的一种家族传承方法与文化现象，是"修身齐家治国平天下"儒家思想终极目标的缩影与实现的路径。

　　理解耕读传家定义的前提是对"耕""读""传""家"四个字的来源与语境分析。

一、耕

　　耕，是"耒"与"井"二字组合的会意字，"耒"是汉字部首之一，从"耒"的字，与原始农具或耕作有关，表示"不柔嫩的树枝"，原指用较为老成坚韧的树枝制作而成的一种二分叉形、上有曲柄，下面是犁头的翻土工具，用以松土，可看作犁的前身（东汉许慎：《说文解字》）；"井"，这里指的是田，由于我国周朝初年已盛行具有一定规划、道路和纵横交错的水渠的形状像"井"字的方块田的井田制土地制度，此处指的即是田地。因此，"耕"的本义为犁田，以犁翻松田

画家刘付忠富为本书创作的配图

土，泛指耕种、农耕之事，这是狭义之耕。

我认为，"耕读传家"语境之"耕"，应回到其情景语境与文化语境中来，才能对此达到正确的理解，应为包括农业、林业、牧业、渔业在内的第一产业里对外输出劳动量或劳动价值的人类脑力与体力活动，这是广义之耕。至于指代写作、以口谋生、读书、求道的"笔耕、舌耕、目耕、道耕"等"耕"的使用可归为耕读文化范畴，与具体的"耕读传家"情景语境不符，显得过于泛滥，宜弃之。

二、读

原指读书，"耕读传家"语境里，不能等同于诵读抄写诸如《论语》《三字经》《弟子规》儒家经典著作、唐诗宋词、《章氏家训》或《曾国藩家书》之类书本的知识搬运层面，而是人们在阅读、学习、创作与研究等过程中与知识相关活动的总称。

画家刘付忠富为本书创作的配图

这里的"读"与"知识"，同样不可等同于现在人人皆知的国学，更不能等同儒学，当前国人潜意识里对国学的认识，在经典方面停留于儒家四书五经，在人物方面止步于孔孟朱熹王阳明以及其他寥寥数人，实在是一大误区，可见中国文化在常识普及程度上的脆弱。关于国学的定义，除基本定义外，在具体的定义上，到目前为止，学术界尚未做出统一明确的界定。一般来说"国学"又称"汉学"或"中国学"，泛指传统的中华文化与学术。

三、传

为传授、传递、传承之意，是某种物体、动作、状态或精神的转移、延续。

四、家

家的甲骨文图形是三面及顶上围着的"豕"。"豕"，象形，"猪"的意思，从造字本意来看，"豕居之圈曰家"，是非常温馨的一幕场景：可避免风雨日晒的地方养着动物，是屋顶下之人与可视为财产的蓄养生命的共存。"耕读传家"之家则不仅仅是家、家庭，指向的是多个以血缘关系为纽带联结起来的家庭的集合——家族。

第二节 耕读传家的学科归属现状与文化定义

学科是科学研究发展成熟的产物，并非所有的研究领域最后都能发展成为学科。科学研究发展成熟而成为一个独立学科的标志是：必须有独立的研究内容、成熟的研究方法、规范的学科体制。

对于耕读传家研究领域而言，远未达到研究发展成熟的时候。家风家训研究当前仍未是显学，理论性研究成果不多，对家风家训著作的解读大多落在了具体内容的考证上，而不是理论建构。耕读传家的学术研究则近于空白，当前很多相关文章偏向于不规范的心得体会，当人们需要引用时，不免凌乱而无所适从，这点与当前国家正在进行文化复兴，相关机构与个人需要更多理论上的运用与指导存在严重脱节。这种现象，在我们一百多年来的文化研究领域里面，应该是早已司空见惯的事情。例如国学，至今没有明确的定义与边界框定；例如文化学，作为独立学科早已于国外存在一百多年，但我国至今没有学校以此为专业方向培养学生，也未列入学科规划。

因此，我们至今连文化的定义都还存在很多争议，遑论其他。至今未有被广泛接受的定义，以及未展开系列的规范性学术研究，以致泛文化在社会上风行，变成了万事万物都可归为文化，可是实际上，没有学术规范的结果，是人人都知道文化，却没几个人知道什么是文化。这种现象应不算正常。在这种研究对象与相关学科仍存在模糊的情况下，近年，有学者提出旅游文化学与民俗文化学的学科概念，希望作为民俗学或旅游学与文化学交叉与结合的一门边缘学科。这终归有积极的意义。

耕读传家属于家风家训领域，家风家训属于文化领域，当前，作为学科的家风学概念未出现，相关的家族制度研究、文化研究穿插在民俗学与社会学里面。这是当前的研究前沿现状，随着研究的深入，有一天学术界也许会发现，关于家风家训方面的研究也许还必须牵扯到文化学，还真的无法如现在这般游走在民俗学与社会学之间。

当然，当前的现实是时机仍未成熟，而对这种现状，作为耕读传家研究者，仍不免展望一下，希望有朝一日，文化学、家风文化学能作为独立学科出现。

同时，在此顺便将多年前尝试着提出的文化定义，再次抛砖引玉，以期方家齐正：

文化，是指人类在生存与发展过程中，为表达对世界与自身的认识与感受，或为改变、实现自我价值而创造出来的所有活动及其载体。

赋诗

南海西樵平沙岛耕读传家国学园

如此定义的依据是，文化首先是人类的文化，由人类创造沉淀而来，人类通过各种载体进行感知，其次自然界也应是人类文化的主体，以其独有的力量参与了文化的创造，不再只是文化的客体，同时也是文化的主体，如此，才能更有助于理解人与万事万物之间的关系。

第三节　耕读传家产生的时间

据考古学考证，中国的先民在距今大约一万四千年前进入原始社会的新石器时期，结束于距今大约五千年前的这一时间里已出现稻谷种植等原始农业。我国是稻作历史最悠久、水稻遗传资源最丰富的国家之一，浙江河姆渡、湖南罗家角、河南贾湖出土的炭化稻谷证实，中国的稻作栽培至少已有七千年以上的历史，是世界栽培稻起源地之一，根据这些发现，表明了此时"耕"已产生。在中国，"读"则是夏代初期即公元前2000年左右文字产生以后，距今四千年左右。

由于目前尚无边耕边读的"耕读"生活模式产生于上述时期某一具体时间点的记录，因此，耕读产生的具体时期不可考，可以确定的是，在社会分工简单的四千年前的社会里，可以读取、辨识当时文字的人当中，必然会有较高比例是先耕后读、亦耕亦读的人群。

两千五百年之后，开系统家训先河的《颜氏家训》成书于隋初，提出"要当糠而食，桑麻而衣"，意为颜氏家族后代应当参与耕作，所吃粮食应来自收割得到的谷物，所穿衣裳应来自亲手或指挥种植的桑麻等农作物。结合此句在《颜氏家训》中的语境与语意，这位颜氏先祖想要提醒与要求子孙后代必须要做的事就是耕作。

在我们即将要分析的《颜氏家训》里，会轻易地发觉，要求后代读书才是该家训最核心的内容。耕作读书一旦落进以训诫传承为目标的这篇家训里面，得出《颜氏家训》含有"耕读传家""唯耕读方可更有保障地传家"的结论，应是正确的推导。

隋存在的年代是公元581—618年之间，著述《颜氏家训》的颜之推在世上活动的年份是公元531—约591年，二者重合的时间段是581—约591年。

因此，我的观点是，家训之耕读传家最早产生于隋初，公元585年左右。

第四节　家风、家训、家规与耕读传家的逻辑关系

一、家风、家训、家规的概念

从"耕读传家"创设的本意、使用语境与目的出发，则我们不得不考察分析家风、家训、家规等相关名词。

我认为，"家风"指的是家庭或家族言传身教、累经较长时间之后给予外界关于价值准则、行为模式、文化氛围的整体印象与判断；家训是指家庭或家族长辈对其后代提出并要求严格执行的为人处世、安家立命的期望、价值观与行为准则；家规则是家庭或家族中制订的针对全体成员带有强制性甚至惩罚性的具体行为规范。为了研究与表述上的统一与便利，以下将"家庭或家族"统称"家族"。

二、家风、家训、家规与耕读传家的逻辑关系

家风包含了家训、家规、耕读传家，后三者与该家族子孙后代在具体行为与价值观的外化表现的集中性趋同，共同构成家风。前者与后三者是包含与被包含的关系——如果某个家族在形成家训之外，制订家规及明确以"耕读"为传家之宝的训诫的话；在制订家规的家族中，家规包含在家训里面，家规是家训中的行为准则的具体化、规范化；然而，实际情形是，大多数家族并未在家训之外专门制订家规，因此，家训与家规可以互相替代使用，此时二者属于并列结构。

由以上定义，可以得出这样的结论：

非强制性模式：家训→耕读传家

强制性模式：家训→家规→耕读传家

由于尚未发现有家族将耕读传家作为强制性家规的例子，没有对违反家训的后果及处理方式进行明示，均为引导性、期望式教导训诫，因此，我们只需要对第一种情形展开研究与论述。

三、耕、读与传家之间的内部逻辑关系

回到"耕""读"与"传家"的本身逻辑关系，原本作为动词的"耕"与"读"在这里变成了对某种状态的表述从而成为名词，"耕"为劳力，"读"为劳心，从这个角度，耕读传家可以解释为：以耕读为路径的劳力劳心方法达至有效传承家族的目标。

耕读在实际行为过程中，耕为安身立命，读为人生升华，从而产生先耕后读的递进关系。递进关系本是指复句中后一分句须

以前一分句为基点，并在程度或范围上比前一分句有更进一层的语义关系。

此时，"耕读传家"的逻辑关系应理解为：

耕→读→传家

此递进式结论如成立，耕读传家就是先耕后读而后以此社会分工较为明确的做法传给往后的家族成员，因为耕读，所以传家，耕读与传家则是因果关系，并非原先我们所理解的并列结构之"且耕且读""半耕半读""耕读结合"，这样，更符合一千年前儒家学说居绝对上风的创设此词的当时语境。

书法家吴雨谦（笔名雄图）

第二章

第一节　耕读传家所属文化系统：家训的由来、成因与发展

一、"家训"的产生与成形

（一）萌芽阶段

关于家训的生成沿革，当前较为通行的观点是：家训萌芽于三皇五帝，产生于西周，成形于两汉，成熟于隋唐，繁荣于宋元，明清达到鼎盛［柳哲：《炎黄纵横》，2016（1）］，其后衰落。

上述观点不严谨。原因如下：

1. 长辈对晚辈的教导训诫，为了工作与生活的便利以及对后代的期望，自有人类家庭组成以来即至少在人类进入原始社会之始就必然存在，语言产生之后，使用的工具是语言，文字产生之后，便多了文字作为工具，简言之，人类社会产生家庭之后，出于人类的本性，家训就已存在，当有家训性质的语言交流开始多点出现，就已是家训进入萌芽阶段。

中国的原始社会，起自大约一百七十万年前的元谋人，止于公元前21世纪夏王朝的建立，传说中的伏羲、神农、轩辕等三皇与少昊、颛顼、喾、尧、舜等五帝生活的年代大约是一万七千年前至公元前2225年。"家庭是随着原始社会财产私有制出现而出现的"（恩格斯《家庭、私有制和国家的起源》），财产私有制在母系社会里已经出现，此时，已出现了家庭与家族，例如，"在新中国建立之初期，仍处于母系氏族社会阶段的云南永宁纳西族中，每一个母系亲族中都有一个达布（族长）。达布一般由德高望重的女性长者担任。由她们负责规划生产、劳动分工和管理财物、安排生活以及宗教祭祀等活动。"（严汝娴：《中国少数民族的婚姻·纳西族》中国妇女出版社，1986）由此可见，家训的萌芽时间远在传说中的三皇五帝之前。

2. 中国历史上的三皇五帝并非真正的帝王，三皇与五帝的时间跨度很大，指的是原始社会中后期出现的为人类做出卓越贡献的部落首领或部落联盟首领，后人追尊他们为"皇"或"帝"，这个时代其实是一个神话传说中横跨很长时间的时代，又称"上古时代""远古时代"或"神话时代"，在没有确凿的甲骨文记载或其他证据足以证实之前，无法确认家训就在时间跨度以千年为单位的具体时期内萌芽。

3. "产生于西周，成形于两汉"，产生即存在，成形即轮廓全貌已具备。然而，深入考察之后，我们可以发现，教导训诫的内容，历来多有，上古典籍所见有教导训诫内容的材料，但言事止于当前，言人止于子弟，教导训诫内容的发出者与接收者均体现为由个体至个体或仅限于当时的个体的集合，零散不成系统，更重要的是，当这种教导训诫并非有意为家族垂训，则不应归为家训。例如《朱子家礼》《宗法条目》之类，规范礼仪，无关训诫，不收入家训。

最早成系统的家训雏形之作，当推东汉学者班昭的《女诫》，她的父亲为史学家班彪，两位兄长，分别是史学家班固、外交家班超，生长于这样的家庭，她也因自己的学问而受到尊重。晚年之时，她为家里的"诸女"写了这样一部《女诫》。书分"卑弱""夫妇""敬慎""妇行""专心""曲从""叔妹"等部分，告诫行将嫁人的女儿们，要谦让、恭敬、隐忍，敬顺夫君，善待舅姑、叔妹。这就是后世备受批判的"四德"了。平心而论，将这"四德"放回到它的时代背景，并不显得苛刻，甚至大部分仍然切合当今社会对女性的一般期待，比动辄以"吃货"自居的歪风，不知雅正多少，择其善者而从之。根据近世木桶理论，家庭教育的短板常见于女性，母系氏族社会以来，女性对家风的养成，作用恐怕多于男性。

班昭的《女诫》仅专门针对家族中的女性提出期望、指导训诫，并未适用于男性，亦即并非对全体家族成员、后代子孙的价值观、为人处世、安身立命做出系统的教诲，因此，仍非学术意义上的家训。

（二）家训的正式成形

家训的成形是以第一部标志性著作的面世、流传为标识，这部著作就是颜之推的《颜氏家训》，这是中华民族历史上第一部内容丰富、涵盖面广、体系完整的家训，同时也是一部学术著作。其内容涉及许多领域，强调教育体系应以儒学为核心，尤其注重对孩子的早期教育，并对儒学、文学、历史、文字、民俗、社会、伦理等方面提出了自己独到的见解。

作者颜之推，是南北朝入隋时期著名的文学家、教育家。该书成书于隋文帝灭陈国以后，隋炀帝即位之前（约公元6世纪末），是颜之推记述个人经历、思想、学识以告诫子孙的著作。共有七卷，二十篇。作为传统社会的典范教材，《颜氏家训》开后世家训先河，是我国古代家庭教育理论宝库中的一份珍贵遗产。

颜之推并无赫赫之功，也未列显官之位，却因一部《颜氏家训》而享千秋盛名，由此可见其家训的影响深远。被南宋目录学家陈振孙誉为"古今家训之祖"的《颜氏家训》，是中国文化史上的一部重要典籍，这不仅表现在该书"质而明，详而要，平而不诡"的文章风格上，以及"兼论字画音训，并考正典故，品第文艺"的内容方面，而且还表现在该书"述立身治家之法，辨正时俗之谬"的现世精神上。因此，历代统治者、学者对该书推崇备至，视之为垂训子孙以及家庭教育的典范，被后世广为征引，反复刊刻，虽历经千余年而不佚，可见《颜氏家训》影响之大。纵观历史，颜氏子孙在操守与才学方面都有惊世表现，仅以唐朝而言，像注解《汉书》的颜师古，书法为世楷模、笼罩千年的颜真卿，凛然大节震烁千古、以身殉国的颜杲卿等人，都令人对颜家有不同凡响的深刻印象，更足证其祖所立家训之效用彰著。即使到了宋元两朝，颜氏族人也仍然入仕不断，令以后明清之人钦羡不已。

《颜氏家训》之后，家训一词开始正式使用，家训之说盛行。尽管此前大量的家诫、家范与诫子书等文体也是标准的家训文献；此后，司马光的《家范》、李世民的《帝范》等，虽然不是以家训为名，却都是标准的家训作品，甚至像成册成卷的家书、家信，只要有教育意义，也一概被称之为家训。

《颜氏家训》对后世的重要影响，主要是在宋代以后，宋代朱熹之《小学》，清代陈宏谋之《养正遗规》，都曾取材于《颜氏家训》。不唯朱陈二人，唐代以后出现的大多数家训，包括清代曾国藩的家训，无不直接或间接地受到《颜氏家训》的影响。以下是该家训著作三个方面的重点内容：

1. 把读书做人作为家训的核心。颜之推把圣贤之书的主旨归纳为"诚孝、慎言、检迹"六字，认为读书问学的目的，是为了"开心明目，利于行耳""若能常保数百卷书，千载终不为小人也"。他认为无论年龄大小，都应该读书学习，"幼而学者，如日出之光；老而学者，如秉烛夜行，犹贤乎瞑目而无见者也"。

2. 选择正确的人生偶像。从某种意义上来说，选择怎样的偶像，就会有怎样的人生。北齐时，一些人教孩子学鲜卑语、弹琵琶，希冀通过服侍鲜卑公卿来获取富贵。颜之推对此非常不屑，认为这样会迷失人生方向，即使能到卿相之位，亦不可为之。他要求子女"慕贤"，将大贤大德之人作为自己的人生偶像，并且"心醉魂迷"地向慕与仿效他们，在他们的影响下成长。

3. 确立家庭教育的各项准则。家长要成为子女的楷模："夫风化者，自上而行于下者也，自先而施于后者也。是以父不慈则子不孝，兄不友则弟不恭，夫不义则妇不顺矣。"要在践行"箕帚匕箸，咳唾唯诺，执烛沃盥"等细小的生活礼仪中树立"士大夫风操"。持家要"去奢""行俭""不吝"。在婚姻问题上，做到"勿贪势家"，反对"贪荣求利"。务实求真，不求虚名，摒弃"不修身而求令名于世"的行为，"名之与实，犹形之与影也。德艺周厚，则名必善焉"。

南海西樵平沙岛耕读传家国学园

二、家训产生的文化原因

(一) 人类趋利避害的本性

人类自诞生以来，都在自然而然地追求着温饱及温饱等生理需求之外的安全需求、社交需求、尊重需求和自我实现需求，甚至还会有自我超越的需求，这个理论被命名为马斯洛需求层次理论，由美国心理学家亚伯拉罕·马斯洛在1943年的《人类激励理论》中提出，是行为科学的理论之一。

家训从其本质而言，就是一种家族中的祖先或类似于族长地位拥有较大话语权与决策权的人在世时对家族子弟及后代子孙的激励方法与措施。对于拟订家训的当事人，家训既是对与己息息相关的家族当代及后代事务趋利避害的天性发挥，也是实现自己及家族未来的安全、社交、尊重、自我实现需求的一种努力，是对自我超越的需求的预设。

例如，《世说新语》记载，东晋政治家、军事家谢安曾经教训子侄，却又反问说："子弟亦何豫人事，而正欲使其佳？"意思是说：后生子弟关自己什么事，为什么要教育他们，让他们更好？诸人莫有言者。侄子谢玄答曰："譬如芝兰玉树，欲使其生于庭阶耳。"谢安对这个回答很满意。

（二）宗法制度的必然要求

宗法制度是由氏族社会父系家长制演变而来的，是王族贵族按血缘关系分配国家权力，以便建立世袭统治的一种制度。其特点是宗族组织和国家组织合二为一，宗法等级和政治等级完全一致。宗法制度的本质就是家族制度政治化。在中国古代，家天下自周代确立，一直延续到清代，可以说一部中国史，就是一部家族史。家族制度长盛不衰，家族是中国社会结构中最基本的单位。每个社会成员依据与生俱来的血缘关系确定其在宗族中的位置。

中国古代，"扩展的家庭"长期而普遍地存在，有时还形成数百上千人聚居一处的情况，古文献卜称"族"，也称"宗族""家族"，据东汉经学名著《白虎通》记载："族者，何也？族者，凑也，聚也，谓恩爱相流凑也。上奏高祖，下至玄孙，一家有吉，百家聚之，合而为亲。生相亲爱，死相哀痛，有会聚之道，故谓之族。"宗族以一定的法度维持，这种制度，就是宗法制度。

如前述谢安与子侄对话之例。在我国传统文化当中，"使子弟佳"即使子弟更好更优秀,这绝非只是满足"芝兰玉树"长在"自家庭阶"这样的虚荣心与贪欲。首先,"香烟不绝"乃是一古老的宗教心理,祖先死而不灭,须有后人供香火;而后人对祖先"慎终追远",可保身家福祉。其次,人类未明心见性前,会有将子孙后代当作自己私有财产的观念,如较为通透世事、境界超然者,也会顺其自然,将自己的人生阅历与追求、希冀在可以影响的范围内进行教诲。所以,尽管到了后来,宗教观念淡者,"子孙繁盛、家世绵长",仍是人类常见的文化和伦理的观念。这几种观念交织在一起,成为我国独特的人口观、家世观,从古至今,一直深刻影响着我国的人口生育、婚姻观念、家庭教育等各个方面。

欲使人口繁盛、家世绵长,必须"使子弟佳",从而趋福避祸。我国古代的士人阶层,或置产,或传学,或立德,或垂训,为"使子弟佳"大费苦心,形诸文字,便形成了一笔丰厚的家训遗产。这既是传统文化的体现,又形成了独特的家训文化。因此,家训之作,横则求家室和谐,纵则求家世绵长。后世著名的曾国藩家书与各种家训著作,概莫能外。

三、家训成形之后的发展

宋代,与我们原先所普遍认知的"积贫积弱"所不同的是,由于统治疆域范围内迎来相对长时期的社会稳定、经济发展,两宋的文化繁荣程度达至中国古代社会的顶峰,强化了伦理纲常的理学于此时期出现与渐趋成熟,家训于是顺理成章成为当时士大夫阶层与半耕半读的平民阶层所普遍需要面对与确立或继承发展的一项重要内容。

家训盛行之后，经历了仅仅九十八年的元代，明清两代撰写家训的风气更浓盛，不仅在数量上超过了以往，内容也更加丰富，形式更加多样，领域更为扩大。既有一般的家训，也有专门训诫商贾的家训；作者既有帝王显宦、学究宿儒，也有普通民众；形式上既有长篇鸿作，也有箴言、歌诀、训词、铭文、碑刻；方式上既有循循善诱的说理激励，也有家规族法的惩罚条文，可考者有六十余种。

从清代后期家训文化开始衰落，不过也出现过局部开新的情况。例如洋务派的曾国藩、左宗棠、李鸿章、张之洞等一批能够睁眼看世界的人。他们接受了西方资本主义的一些新思想、新观念，表现在对子弟家人的教育指导上，从而为中国传统家训文化带来一股"新风"。

近代以来，宗法制度、家族传承被看成是一种桎梏，加上受西方思想和现代文化的冲击，家训逐渐淡出人们的视野，直到近年，国家倡导文化复兴，对传统文化重新重视，家训慢慢地又得到人们的关注。

第二节　耕读传家成为主流家训的文化土壤及其定性分析

一、耕读文化的定义

西北农业大学教授邹德秀认为：中国古代一些知识分子以半耕半读为合理的生活方式，以"耕读传家"、耕读结合为价值取向，形成了一种"耕读文化"。[邹德秀《华夏文化》，1996（4）]

我则认为，不妨给耕读文化下这样的定义：自远古有农业与知识载体以来，在中国古代一些农民、乡绅、隐士与士大夫当中存在的半耕半读生活状态及其蕴含着的谋生立德、置身事外或寄望以耕读结合使家族得以传之久远的人生追求，经长时间积累、创造所形成的一种文化类型。

二、耕读文化对中国文化的影响

耕读文化作为一种文化类型，更多的情况下，只能作为一种文化现象，至今未能成为一个可建构的文化系统，至今仍是面目模糊、零零散散，众多学者仍需努力；另一方面，耕读文化却对中国的农业、宗法制度、民族整体价值观与文化艺术发展起了至关重要的作用，甚至在一定程度上多次影响了中国历史的走向。

（一）对中国农业的影响

关于耕读关系的认识可追溯到春秋战国时期。孔子把学稼学圃当作平民的事，说"君子谋道不谋食，耕也，馁在其中矣；学也，禄在其中矣"。孟子主张劳心劳力分开，"劳心者治人，劳力者治于人"。时人与后人对于孔孟二人的"看不起劳动人民"之类的批评，本人并不认同。孔孟的观点，应看作其在两千多年前的农耕文明时代已有了清醒的社会分工意识，只是希望与引导更多人学习诗礼以令社会更加美好，若进行指责，应是曲解了孔、孟原话本意。

中国的农耕文明发端很早，20世纪八九十年代在辽宁省阜新蒙古族自治县沙拉镇查海村一处距今已超过八千年的新石器时代遗址中，出土了大量的陶器、石器、玉器、猪骨、农作物的碳化物，其中有四个与现在人们用来喝酒的酒杯器型非常相似的陶杯，据推断这就是当年"查海人"喝酒用的器皿，一同发现的还有酿酒用的窖穴，结合发现的已碳化农作物，就可以得出至少在八千年前，中国的农耕文明已经开始。

上古五帝之舜帝生活的年代距今大约四千三百年前，留下了在历山耕耘种植的传说，这传说始见于《墨子·尚贤中》："古者舜耕历山，陶河濒，渔雷泽"。其后在诸子百家著述中，舜耕历山的传说多有转述。到西汉，通过《史记·五帝本纪》的整理与转述，"舜耕历山"的历史传说在更大范围内受到人们的注意。

考古领域不断传来的新消息，让我们对中国文字的产生时间有了新的认知。八千多年前的河南舞阳贾湖遗址（距今9000—7800），20世纪80年代出土了一批刻符，被称为贾湖刻符。有的学者认为只是刻符，有的认为是文字。前些年，香港中文大学饶宗颐曾对贾湖契刻进行了深入探讨考证，提出"贾湖刻符对汉字来源的关键性问题提供了崭新的资料"。北京大学历史系古文字学家葛英会也认为"这些符号应该是一种文字"。与这批刻符重见天日的同时，世界上最早的酿酒坊一并呈现在世人的面前。

文字出现，意味着"读"的出现，"农"与"文"，我们不妨理解为"耕"与"读"，于是由以上论证，我们很容易知道"耕"与"读"的最初相遇在没有新的证据足以推翻的前提下，可以追溯到八千年前。其后，随着半耕半读的生活方式自然而然产生，中国文化中的一个类型逐步成形。

周朝开始之后，出现了天子的称呼，意谓秉承天意的天之嫡长子。人们从内心里期望，天子的言行与美德有关。在古代，有了土地且可以在其上耕种，然后可以有剩余的粮食应对各种人为或自然环境的变化，才能安身立命，才能真正解决人类最基本的温饱问题，然后才具备更高追求的条件。这逐渐出现了马克思、恩格斯所说的私有制、家庭、阶级。

于是，身为有道德示范意义的天子，在最初的农耕文明时期，带头耕作是必不可少的行为。舜耕历山，现在及未来都很难有确凿的依据可以证实，但任何时候这都不会影响我们对于"耕"在古代人们心中地位的理解，这些应心而生的美好事例，有其正面的积极的意义。这种示范及其意义一直延续到19世纪末期。整个古代，天子亲耕既是传统，又是重农劝农社会经济发展以及社会治理的必要举措。

天子亲耕的田称为耤田。关于耤田，有据可查的记载出现在商代，周代时出现了较为明确的制度描述。"耤"通"藉"，《史记》中又作"耤田"，《汉书》《旧唐书》等作"耤田"，明清以后多写作"耤田"。《说文解字》对"耤"字的解释是："帝籍千亩，古者使民如借，故谓之耤。"耤田在周代井田制度下又称"公田"。《周礼》注曰："古之王者贵为天子，富有四海，而必私置耤田，盖其义有三焉。一曰以奉宗庙亲致其孝也，二曰以训于百姓在勤，勤则不匮也，三曰闻之子孙躬知稼穑之艰难无逸也。"《礼记·祭义》记载："昔者天子为藉千亩，冕而朱纮，躬秉耒；诸侯为藉百亩，冕而青纮，躬秉耒。"可见，周代的耤田多达千亩（约合现在的三百亩）。帝王们每年需要亲自下田耕种的土地面积，与后世多个王朝尤其是清朝皇帝亲耕"一亩三分地"的形式大于实质有着很大的区别，在超过至少两千年的时间里面，帝王们还在礼仪与治理需要固定下来的日子兼顾着农民的角色。现今时代城里城外的人尤其是离开了土地的农民，一旦得知这种情形，也许该每年多些主动创造条件去田地里体验、追思一下才是。

《礼记》又名《小戴礼记》《小戴记》，据传为孔子的七十二弟子及其学生们所作，西汉礼学家戴圣所编，是中国古代一部重要的典章制度选集，主要记载了先秦的礼制，体现了先秦儒家的哲学思想、教育思想、治理思想、美学思想。自东汉郑玄作注后，《礼记》地位日升，至唐代时尊为"经"，宋代以后，位居"三礼"之首。《礼记》中记载的古代文化史知识及思想学说，对儒家文化传承、当代文化教育和人格教养有着重要影响。

"君子之德风"，语出《论语·颜渊篇》。天子亲耕体现在行为模式层面上的意义在于上行下效，带动农业的发展，即"劝农"，然后才是道德层面上的敬天爱人、勤俭节约。因此，仪式很重要，慢慢地，衍生出了相关礼仪甚至专门负责天子亲耕事务的官职。

农耕时期，牛与犁是必不可少的劳动工具，帝王们亲耕时就有了一个与农民同样的标准动作——扶犁。天子扶犁亲耕的礼仪，在古代被称为耤田礼或耕耤礼。最早有确切记录的皇帝耕耤礼是汉代，汉文帝即位之初，贾谊上《积贮疏》，言积贮为"天下之大命""于是上感谊言，始开耤田，躬耕以劝百姓"。并于前元二年（公元前178）正月丁亥下诏："夫农，天下之本也。其开耤田，朕亲率耕……"（《汉书·文帝纪》）汉文帝刘恒第五子景帝即位后，在诏书的字里行间对亲耕透出满满的热情与稳稳的幸福："朕亲耕，后亲桑，为天下先。""农事伤则饥之本也，女红害则寒之原也。""其令郡国务劝农桑，益种树，可得衣食物。"（《汉书·景帝纪》）

文帝在位二十三年（公元前179—前157），景帝在位十五年（前156—前141），文、景父子两代人加起来的三十八年，由此，以亲耕为天下先的劝课农桑、以德化民路径，开创了中国历史上的第一个治世，为其后西汉持续多年的强大打下坚实根基。

后世很多城市或更大的区域，为了表明自己很有一股闯劲，以此提炼出地方文化个性，然后为了将过往或当下的一些成果与这股子劲沾上边，一狠心，未分青红皂白就在对外宣传语上争先恐后昭示自己"敢为天下先"。这固然有积极的一面，但是，汉景帝与口述《道德经》绝尘而去的老子知道后恐怕只会笑而不语。

景帝的"为天下先"，是希望"行为世范"，在前面带头做示范，以君子之德、天子之威引领此后的风气与方向，而不是为了面前

南海西樵平沙岛耕读传家国学园

的某只螃蟹。老子在《道德经》第六十七章说的"我有三宝，持而保之：一曰慈，二曰俭，三曰不敢为天下先"，是指慈爱、简朴、实事求是，静观其变，在事情成形成势之前不盲目行动。因此，景帝在汉初奉行的黄老之学中，认为已经过审时度势，是时候引领时势的情况下，引用了《道德经》里的这句话，且坚持身体力行，结果真的吃到了很多只螃蟹。

天子扶犁亲耕前的礼仪，自汉以来，首先是祭先农。先农，古代传说中最先教民耕种的农神，远古称帝社、王社，也叫神农，或谓后稷，汉代始称先农。据《汉仪》记载："春时东耕于耤田，引诗先农，则神农也。"《五经要议》也有"坛于田，以祀先农"的文字注明。其后，各个朝代在耕耤礼的具体安排上各有细微的变化。

由天子亲耕衍生出的官名，亦作耤田令。西汉文帝二年（前178）始置，管理耤田之事，隶大司农。耤田所获谷物供宗庙祭祀之用。东汉省。西晋武帝泰始十年（274）复置，东晋省，南朝复置，仍隶大司农（司农卿）。北齐为司农寺耤田署长官，隋罢。宋太祖元嘉中复置，隶太常寺，正九品。北宋员一人，正九品，为耤田司长官，掌皇帝耤田之事，兼管藏冰之事。

中国重农的传统在汉代以后得到了很好的延续与彰显，耕读传家原理当中"耕以立其基"这方面坚实了之后，在与农业发展相关的耕读文化层面，"读以要其成"展现出越来越庞大的力量，相辅相成地，这方面力量反过来进一步促进了中国农业的发展。

这力量就是，耕读文化孕育了众多的农学家，产生了大量的古农书。中国古农书数量之多、水平之高在世界范围内罕有匹敌。古代的农书大都出自有过耕读生活的知识分子之手。他们熟悉古代典籍，有写作能力，又参加农业生产，有农业生产知识，具备写作农书的条件。东汉官至尚书的崔寔出自名门望族，少年熟读经吏，青年时经营自己的田庄。他根据自己的经验写成了《四民月令》这一部月令体农书，叙述田庄从正月直到十二月中的农业活动，对古时谷类、瓜菜的种植时令和栽种方法有详述，亦有篇章介绍当时的纺绩、织染和酿造、制药等手工业。对中国古代汉族农学的发展颇有影响。中国历史上动乱时期，反而出现较多的农书。因为在动乱时不少知识分子失去做官的机会，或不愿在动乱时做官，于是在乡间务农。其中有些人将自己的心得写出来，就成了农书。明清时代，地方性专业性农书开始大量出现，因为这时读书人比较多了，一部分没有做官的知识分子成了经营地主，他们根据自己所处地域和经营内容，写出了地方性专业性农书。

（二）对宗法制度的影响

在耕读文化定义里，我提到，乡绅的半耕半读生活状态及其对家族传之久远的寄望，这一节里，我们讨论的将是乡绅们对于宗法制度的实施所起到的正面作用，从而希望可以进一步窥探家、家族、宗法制度、耕读传家之间的内在联系。

1. 乡贤文化

乡贤，指的是民间基层本土、本乡有德行有才能有声望而深为当地民众所尊重的人，唐朝《史通杂述》记载："郡书赤矜其乡贤，美其邦族"。明朝，朱元璋第十六子朱㮵撰《宁夏志》列举"乡贤"人物，开始建乡贤祠。凡进入乡贤祠的人既要有"惠政"，又要体现地方民众的意志。清代，不但建有乡贤祠，还把乡贤列入当地志书。

乡绅无疑是乡贤中的一个人群，是乡里的管理者与读书人。当时的读书人当然并非现代通指的读过一些书取得某种学位的人士，而是既腹有诗书又有德行的人。

乡绅阶层是中国封建社会一种特有的阶层，主要由科举及第未仕或落第士子、当地较有文化的中小地主、退休回乡或长期赋闲居乡养病的中小官吏、宗族元老等一批在乡村社会有影响的人物构成。他们近似于官而异于官，近似于民又在民之上。尽管他们中有些人曾经掌过有限的权印，极少数人可能升迁官衙，但从整体而言，他们始终处在农耕社会的清议派和统治集团的在野派位置。他们获得的各种社会地位是封建统治结构在其乡村社会组织运作中的典型体现。这种乡绅中的一部分，亲自实践着半耕半读的生活，一部分直接或间接组织、指挥着耕种以期获得日常所需生活资料，在那个年代，几乎无例外地，都处于"读"的状态。

2. 乡绅阶层

在以"士农工商"简单社会分工为基础的中国农耕社会里，技术知识及其进步并非最为重要。社会秩序的维系和延续依赖于"伦理知识"。因此，无论社会怎样动荡变乱，无论王朝如何起落兴废，维系封建社会文明的纲常伦理中心却不曾变更。然而，居于这个社会文明中心位置的却恰恰是乡绅阶层。

这一阶层，是唯一享有教育和文化特权的社会集团。"其绅士居乡者，必当维持风化，其耆老望重者，亦当感劝闾阎，果能家喻户晓，礼让风行，自然百事吉祥，年丰人寿矣。"如何使一个幅员广大而又彼此隔绝的传统社会在统一的儒学教化下获得

"整合"，使基层社会及民众不致"离轨"，是任何一个王朝必须面对的重大课题。清朝在乡村社会中，每半月一次宣讲由十六条政治-道德准则组成的圣谕的目的，是向民众灌输官方思想。然而，这一带有"宗教"形式却毫无宗教内容或宗教情感的活动仅仅依靠地方官却根本无法实行。乡绅们事实上承担着宣讲圣谕的职责。"十六条圣谕"以"重人伦""重农桑""端士习""厚风俗"为主旨，成为农耕时代浸透着浓郁的东方伦理道德色彩的行为规范。它的内容是一个古老民族文化在那个生存方式中的基本需求："敦孝弟以重人伦，笃宗族以昭雍睦，和乡党以息争讼，重农桑以足衣食，尚节俭以惜财用，隆学校以端士习，黜异端以崇正学，讲法律以儆愚顽，明礼让以厚风俗，务本业以定民志，训子弟以禁非为，息诬告以全良善，诫窝逃以免株连，完钱粮以省催科，联保甲以弥盗贼，解仇愤以重身命。"反复向村民宣讲这一规范的是乡绅。他们拥有文化，拥有知识，成为农耕时代文明得以延续发展、社会秩序得以稳定的重要角色。

分析至此，如果我们对耕读文化的乡绅关于家、家族即宗族、宗法制度的意义仍未有透彻的认识，那么，这种现象将使这个问题显而易见：乡绅还对乡村社会长期存在的族权、神权拥有某种控制力，对乡村社会的治安拥有管理与裁判权。通常情况下，族长由乡绅综合宗族意见推举产生，或者得到乡绅的合作认可。有的乡绅本人就是族长，对一族拥有道德上名义上的首席权。神权的柄杖也大体如此，由于乡绅文化程度相对较高，其政治和文化地位的结合，产生了神权上执行、解释的可信度。此外，乡绅出资办地方治安队或团练，大多还自任头领，对乡村社会治安进行控制、操纵，特别是在边远乡村，乡绅的军事控制权尤其明显。

乡绅阶层始终是儒家文化最可靠的信徒,特别是在朝代更替、皇权易主的年代,乡绅捍卫儒学的决心和勇气更胜官吏一筹。这种对儒学长期不变的情有独钟,奠定了乡绅阶层在社会上享有较高的文化地位。乡绅阶层的文化地位还与自身组成成分有关。乡绅中的一部分人是通过科举考试、退任或已在乡村休闲的官员。这些人一生中曾经有过的高官厚禄、荣华富贵,都与对儒学的虔诚和追求紧密相连。他们从科举制度中得到的不仅是入仕之途,同时也以此作用于儒学的发展。而由于这些乡绅中的大部分人立于土地之上又因耕种与土地密不可分,乡绅们对于土地的依赖及将超越自我的心理需求与耕读可以传家之间的感召与维系,在中国农耕社会的后期之明清,必然无形中影响着周围的人的文化价值观乃至社会价值观,在这个过程中又逐步确立了自身在乡村社会中的文化主导者地位。

这样,耕读文化中乡绅们的实质与表现,就是被个别学者称为"超稳定结构"的宗法制度当中非常重要的一环。

（三）对中国哲学及民族整体价值观的影响

中国的耕读文化对中国古代哲学的天地人相统一的宇宙观和知行统一的知识论的形成起了积极的作用。

古代学者常常从农耕实践中提炼哲学思想。《吕氏春秋·审时》:"夫稼,为之者人也,生之者地也,养之者天也。"《淮南子》:"上因天时,下尽地才,中用人力,是以群生遂长,五谷蕃殖。"贾思勰:"顺天时量地力,用力少而成功多;任情返道,劳而无获。"过耕读生活的知识分子有理论修养,有农业生产经验,有条件完成从农业到农学思想到哲学思想的提升。张岱年先生在《中国农业文化》序言中说："中国古代的哲学理论、价值观念、科学思维及艺术传统，大都受到农业文化的影响。例如中国古代哲学有一个重要的理论观点'天人合一'，肯定人与自然的统一关系，事实上这是农活的反映。古代哲人宣扬'参天地、赞化育'，'先天而天弗违，后天而奉天时'，可以说是一种崇高的理想原则，事实上根源于农业生产的实践，也只是在农业生产的活动中有所表现。"

如果可以复原古代的耕读生活，我们将会发现，除了为生计而耕读之外，这种生活状态非常悠然自得。如果遇上国泰民安的顺年，哪怕是与世相对隔绝的盆地，恰好又是土地肥美风景怡人，这里一代接着一代生活着的民众，不难养成对土地的依恋、非不得已不离乡背井的土地情结。"仓廪实而知礼节"，仓廪不实亦不愿轻易离开生养自己的土地，如陕西关中平原，作为秦岭北麓渭河冲积平原的一个地点，亦称渭河平原，它南倚秦岭，北界北山，西起宝鸡峡，东至潼关，东西长约三百六十公里，约占全省土地总面积的五分之一，自古以来，这里风调雨顺，土地肥沃，农业发达，为秦国文明的兴起奠定了强大基础，所以号称"八百里秦川"，是中国文明的发祥地之一，这里的风土人情就是如此。

在考察辉煌均超过两百年的徽商、晋商的轨迹的时候，不能忽略这些成为巨富的商人在功成名就之后在家乡置办广厦田园的情况，诸如当今已为众人所知的乔家大院、王家大院，建于土地之上，心里才踏实，人生价值更可体现，此时，拥有良田大宅方为传家之物，而耕读则为传家之神。

（四）对文化艺术的影响

耕读文化影响了文学艺术，中国古代的田园诗就是耕读文化的产物。

晋代陶渊明是典型的田园诗人。他"既耕亦己种，时还读我书"。从四十一岁辞官，过了二十多年的耕读生活。他根据自己的体验，写了《归去来辞》《归田园居》等诗篇。宋代辛弃疾在被迫退休的二十年内居住在江西农村，以耕读体验，写出了不少反映田园生活的诗词；同在宋代的范成大，晚年退居石湖，自号石湖居士，他自己可能没参加多少农业劳动，但生活在农村，六十首《四时田园杂兴》，富于乡土气息。

农耕文明社会里，无数景物入诗入画，闲来种花种草亦属于耕，仅唐代，山水田园诗人杰出者就有王维、孟浩然、祖咏、储光羲、常建、裴迪、綦毋潜等；宋代诗人林逋孤山种梅，在其《山园小梅》诗中留下"疏影横斜水清浅，暗香浮动月黄昏"的千古咏梅佳句。类似这样的例子，在清代以前，所在多有。

顺德碧江金楼

（五）对中国社会文明进程的影响

古人有将研读父祖遗藏之书，称为"耕不税之田"的。清代藏书家张大鉴就在《闲居录》一书的跋语中，有"余承先泽，耕不税之田，一编一帙，罔敢失坠"之说。因此，晚清叶昌炽在《藏书纪事诗》卷六中咏道："三世同耕不税田，后贤功可及先贤。谁为有福谁无福，此语可为知者传。"总之，"耕"为"读"喻，给后世文坛学界留下了一种重要的精神滋养，其思想影响力是久远的。

千百年来，汉语中还形成了"舌耕""目耕""砚田""耕耘""心织笔耕"等与华夏耕读文化思想息息相关的语词，更有"耕读轩"（元末画家、诗人王冕）、"乐耕亭"（邱浚后裔邱郊）、"目耕楼"（明末刻书家毛晋）、"耕读山房"（清代藏书家李士芬）、"慕耕草堂"（清代诗人黎庶焘）、"耕礼堂"（近代学者赵晋臣）、"耕读旧人家"（近代南社诗人王毓岱）、"耕堂"（当代作家孙犁）等书房画室之名，它们无不表明了历代文人学士在思想感情上，对耕读文化境界的一种怀恋，一种寄托。"教子孙两行正路，惟读惟耕""皆有歆艳意，相与赋'稼轩'之诗"，道出了农耕文明土壤中出产的中国人心中多么隐秘的一个情结："稼轩"生涯，虽不能至而心向往之。纸上得来终觉浅，绝知此事要躬行。躬行，即自我实践。《论语·述而》曰："躬行君子，则吾未之有得。"躬行践履，亲自实行、亲自去做，才能体现重视实践、深入实践的精神。躬行不言，默而成事。时代更迭，作为建立在小农经济和科举制度基础上的旧说词，耕读的意义在或深或浅地转变。从最初的"耕以致富，读可荣身"，到后来的"耕以养身，读以明道"，再到后来的"以耕喻读"，精神被无限升华，耕的原始作用越来越被淡化，耕山水、读天下的情怀却愈发凸显。

耕读文化是中国传统村落文化的重要组成部分。明清之交的"理学真儒"张履祥在《训子语》里曾经说过"读而废耕，饥寒交至；耕而废读，礼仪遂亡"，成为提倡"耕读传家"的典型代表。

中国古代士大夫或农村中的绅士阶层，门户上往往贴着这样一副对联："耕读传家久，诗书继世长。"可见，耕作、书卷、田地，曾是古人的奋斗目标。

耕读精神和耕读文化融入中国传统文人生活方式，不仅反映了他们的人生情操和旨趣，而且对其人生理想和治学思想都有着重要的影响，也在更高的层面上影响到中国社会的发展和文明的进程。

与欧洲中世纪及文艺复兴后的大部分时期不同，中国社会早在春秋之时即因为孔子所开创的民间教育的兴起，促进了民间讲学的繁荣。即使在偏远的乡村，也有读书人或避乱隐居，或世代生活于湖边乡下。他们一边劳作，一边读书，或方塘半亩，或草屋几间，或耕作稻粟、或渔樵桑麻，或为佃户只能夜半读书为文，或略有家产可以凭己吟诵寒梅诗札，耕读也因之成为中国的一种乡村文化特色。在那个没有公共图书馆的社会里，不少地区的藏书楼、书院都起到了文化聚集与扩散的功能，并在物质和精神上支持着耕读文化的发展。事实上，读圣贤书不是某一个阶级的特权，而是整个社会对所有人的一种道德要求，体现了知识分子对于文化传承和扩散的社会使命感。

耕读是"耕"与"读"在精神上的高度结合。有"读"之"耕"体现了读书是为了做到明心见性和安身立命，有"耕"之"读"才能保证做到格物致知、洞察世事，修身、齐家、治国，而不是

为了区区稻粱之谋。正因为耕读的精神已经内化在中国文化的精髓之中，融入中国人的血液，因此，所谓的耕读才不是皓首青灯伴古卷，而是意味着通过读书与圣贤对话的一种情趣和责任，耕读历来不是他们一种带有矛盾心态的选择，因为对耕与读的任何选择，并不意味着对另一种选择的放弃。

耕读正是士大夫借以养其浩然之气、保持人生气节的一种生活方式。在这种"子孙相约事耕耘"（李商隐《子初郊墅》）的生活方式中，形成了自己践行忠孝仁义、坚守读书人气节、报国入世等人生抱负，体现了穷则独善其身、达则兼济天下的人生抱负。诸葛亮躬耕于南阳、陶渊明种豆于南山、王夫之隐于湘乡山中等，都是这种思想的体现。直到民国时期，一些老派文人仍然对此种人生方式依依不舍。在长期的文化积淀中，耕读文化对中国传统文人的治学理念和方法有着重要的影响。明代学者陈白沙的教学方法即是带上弟子去游山。所以，耕读文化可以铸造真正的学术，在中国文化中，很多传世名著成于耕读之中。徐霞客跋涉于荒山野岭，顾炎武"读万卷书，行万里路"，等等，正是耕读文化的自然延伸。

第三节　耕读传家作为普遍性家训的产生与定型

一、耕读文化形成的过程就是耕读传家文化土壤不断肥沃化的过程

早在"耕读传家"的观念形成以前，已经先有"耕学"一说为之鸣锣开道。

汉代，就已经有人以耕为喻，于是"耕"也就成为人们奋力于某一领域的代词。扬雄就在《法言·学行》中说："耕道而得道，猎德而得德。"《后汉书·袁闳传》更说："（闳）服阕，累征聘举召，皆不应。居处逼仄，以耕学为业。"所谓"耕学"，就是说像农夫致力于田地耕作一般地敬业于学问。晋代葛洪在《抱朴子·守崎》中说："造远者莫能兼通于歧路，有为者莫能并举于耕学。"《晋书·隐逸传·朱冲》也说："好学而贫，常以耕艺为事。"以"耕"喻"学（读）"，是说一个人读书治学也应当像农夫耕田那样，深耕细耘，不违四时，务求好的收成。从来农夫们都是披星戴月，寒耕暑耘，通过面对黄土背朝天的"力耕"方式来养家糊口，然而士人却可以另辟蹊径，通过如"力耕"一般的"力学"，获得笔耕、舌耕等工作的报酬。这给予了人们多方面的启迪，对中国崇文慕学之风的形成，发生了深刻的影响。

"负樵读书"（朱买臣）、"带经而锄"（倪宽）、"书窗灯课"（都穆）这种种劝学励志的典故，足以说明先哲们其实很早就对耕读生活表示了赞许。随着颜之推《家训》等的流传，耕读对于维系家业的现实功利意义家喻户晓，耕读传家的观念更是深入了小康农家之心。在江西，《铜鼓卢氏家训》订立的十二款"治家之本"中，第七款即为"重耕田"，第八款为"重读书"。将此两款比较对照，多少可以窥知中国小康农家勉力追求"耕读传家"的真实心声，重耕田，为工为商，亦是求财之路，终不如在家种田，上不抛离父母，下能照顾妻子，且其业子孙世守，永远无弊。重读书，读书变化气质，顽者可以使灵，邪者可以反正，俗者可以还雅，此其大要。至日常应用文字，万不可少。慎择良师，读一年有一年之用，读十年有十年之用。欲光大门庭，通晓世事，舍读书无他择。这说明，亦耕亦读的思想文化传统，同汉民族根深蒂固的聚族而居、安土重迁、春种秋收等追求团圆、追求功利、追求实惠的农业文明心态是完全相适应的。

我国历史上的世家大族，往往是中国传统农业社会中耕读传统的实践者和倡导者，因此通过家训族谱、地方史志作文献研究，将是研究此课题的必然途径之一。在以农耕文明为基础的封建社会里，"耕读传家"既是小康农家，也是众多仕宦之家的精神追求。《孟子·尽心上》说："得志，泽加于民；不得志，修身见于世。穷则独善其身，达则兼济天下。"所谓"穷则独善其身"，就是选择一种脱离现实政治，归隐田园，农耕种地与吟诗作文并行不悖的，可以从容进退的生活方式。而保持"耕读传家"的传统，进则可以出仕荣身，兼济天下；退则居家耕读，尚有独善自身的余地。尽管这一种所谓的"亦耕亦读"，基本上是姿态性的，象征意义上的。陶渊明《归田园居》诗云："少无适俗韵，性本爱丘山。误落尘网中，一去三十年""开荒南野际，守拙归田园。方宅十余亩，草屋八九间……"《读山海经》诗："既耕亦已种，时还读我书。穷巷隔深辙，颇回故人车。欢言酌春酒，摘我园中蔬。"《和郭主簿》诗："息交游闲业，卧起弄书琴。园蔬有余滋，旧谷犹储今。"凡此种种，似已预制了一幅幅"独善其身"的乡居图景，为后世文人学士选择亦耕亦读的生活方式，输送着源头活水般的精神养分。

后世形成两种传统，一种追求"书香门第""诗书传家""万般皆下品，唯有读书高"，近人多认为这是歧视体力劳动，我持不同观点，强调读书高，是一种引导式的价值判断，是一种基于社会分工然后侧重读书的人生选择；另一种提倡"耕读传家"，以耕而读、耕且读为荣，且作为对子孙后代的期望。

这两种传统，"读"是它们的共同点，书是读的对象，耕作中的大自然何尝不是另一种形式的更为恢宏大气的读的对象？

二、当耕读文化达到足够的影响力，获得足够的社会认同，耕读人士的自我超越需求及对家族传承的责任，直接催生了耕读传家家训

战国时期，农家学派许行率先主张"贤者与民并耕而食"。六百多年后的东汉末年，诸葛亮在《前出师表》自述"臣本布衣，躬耕于南阳"。晚清，南阳方城拐河镇民众在沣河淤沙中发现一块晋代诗画石，上半部刻有《诸葛武侯躬耕歌》，下半部刻有诸葛亮画像。可见，晋代已有诗画石称颂诸葛亮躬耕南阳。该诗画石现保存在拐河镇高中院内。唐裴度著文称颂诸葛亮躬耕南阳之陇亩。裴度是唐中期名相，博学多才，功勋卓著。他在《蜀丞相诸葛武侯祠堂碑》碑文中说："公是时也，躬耕南阳，自比管乐……时称卧龙"，因刘备"三顾而许以驱驰"，于是"翼扶刘氏，缵承旧服，结吴抗魏，拥蜀称汉"。这是迄今肯定诸葛亮躬耕南阳最早的石刻记载之一。元大德二年（1298），南阳监郡马哈马主持修葺武侯祠时，置田地、屋舍，重修卧龙岗躬耕田。同为元代，翰林学士程钜夫撰写的《敕修南阳诸葛书院碑》称："臣瑾按，南阳城西七里，有岗阜然隆起，曰卧龙岗，有井渊然渟深，曰诸葛井，相传汉丞相忠武侯故居，民岁祀之。"民岁祀之，说的是民众每年一批又一批自发到南阳的躬耕地祭祀诸葛亮。

南宋反映江南农业的《农书》作者陈旉隐居扬州，过耕读生活，他自己说"躬耕西山，心知其故""确乎能其事，乃敢著其说以示人"。著述《补农书》的张履祥在家既教书又务农，他说"予学稼数年，咨访得失，颇知其端""因以身所经历之处与老农所尝论列者，笔其概"。辛弃疾把上饶带湖的新居名之日"稼轩"，自号稼轩居士，"意他日释位后归，必躬耕于是，故凭高作屋下临之，是为稼轩。田边立亭日植杖。若将真秉未之为者"。辛弃疾很重视农业，他说"人生在勤，当以力田为先"。

南北朝以后出现的家教一类书多数都有耕读结合的劝导。如前所述，《颜氏家训》提出"要当稼而食，桑麻而衣"；明末清初著名理学家张履祥在《训子语》里说"读而废耕，饥寒交至；耕而废读，礼仪遂亡"。这里的训子则将耕读结合对于安身立命、教养、行为规范的重要性提到了前所未有的高度。

三、耕读传家正式明确为家训的里程碑式著作及与其他家训著作之比较

第一部正式将耕读传家列为家训的是原名《太傅仔钧公家训》的《章氏家训》，这是我国著名家训，可列入中国十大家训，我甚至认为应列为中国十大家训之首，可惜的是长期以来为人忽略。

作者是五代十国时的章仔钧，世称其为太傅公，宋庆历五年（1045），追赠琅琊王。故《西关章氏族谱》称《章氏家训》为《唐太傅宋追封琅琊王章忠宪王家训》。《章氏家训》历来备受推崇，国学大师章太炎，当代贾平凹、钱文忠等学者都十分赞赏。

章仔钧（868—941），字仲举，号彰良，汉族，出生于官僚

世家，其祖章及，字鹏之，仕唐为康州刺史，其父章修，仕唐为福州军事判官。浦城（今属福建省南平市浦城县）人。浦城章氏发迹始于这位太傅公，其生于晚唐，长于五代乱世，文韬武略，扼守闽北咽喉要冲二十多年，西挡南唐、北拒吴越，保一方安定，威震闽越，其夫人练氏侠肝义胆，勇救建瓯十万军民，被建瓯百姓尊为国母。章仔钧941年去世，赠金紫光禄大夫、上柱国、武宁郡开国伯。夫妻二人皆为忠义典范。其中最宝贵的遗产，就是这短短一百九十六字的家训。他们十五个儿子又七十四个孙子，在中原乱世时，偏安闽越一隅，得以喘息，枝繁叶茂。北宋章氏达到了最辉煌的时期，从这儿诞生了第一位福建籍宰相章得象，浦城第一个状元章衡，北宋末期还出了一位宰相章惇。

现在章氏位于浦城的祖祠，本为唐代修建的南峰寺，北宋初年太傅公玄孙章得象官至宰相，因感念自己年轻时在南峰寺苦读而中进士，加上当时宗祠文化兴起，达官贵人都要在自己家乡兴建宗祠。章得象求得仁宗皇帝恩赐，改南峰寺为章氏祖宗功德院（祠堂），香火历经宋元明清而绵延不绝。这里因此成为章氏先祖的发祥地，他们以勤俭、宽仁家训为文化根基，从这里走向浙赣、走向中原、走向异域，子子孙孙生生不息，历经千余年，达两百七十多万人口。

八百多年前，福建浦城章仔钧后裔中的一支，跋山涉水，于宋徽宗宣和二年，定居现安徽省南部绩溪登源河之畔。历经沧桑，章氏后裔崇本敬祖，薪火相传三十三代，形成"瀛洲章""西关章""湖村章"等章姓繁衍地。他们世代耕读，恪守家规，《章氏家训》一直被绩溪章氏家族奉为传家之宝，"十户之村，不废诵读""邦无尤民，民无尤行，刑罚设而不犯，风俗美而不流"。

《章氏家训》原文：

传家两字耕与读，兴家两字俭与勤。安家两字让与忍，防家两字盗与贼。亡家两字嫖与贱，败家两字暴与凶。休存猜忌之心，休听离间之语，休作生忿之事，休专公共之利。吃系在尽本求实，切要在潜消未形。子孙不患少而患不才，产业不患贫而患非正，门户不患衰而患无志，交游不患寡而患从邪。不肖子孙眼底无几句诗书，胸中无一段道理，神昏如醉，礼懈如痴，意纵如狂，行鄙如丐，败祖宗之成业，辱父母之家声，乡党为之羞，妻妾为之泣，岂可立于世而名人类乎哉？格言具在，朝夕诵思。

如无相反证据出现，上述看似简单的文字，就是第一部正式明确将耕读传家列为家训的著作，从这部著作开始，逐步奠定了中国耕读传家的主流家训的局面，与众多后来的家训一起，成了中国耕读文化里的灿烂星辰。

《章氏家训》的核心内容是耕读传家，教育子孙后代要勤于劳动，要读书明理，否则无法很好地安身立命，无法很好地传承家族；《章氏家训》是章氏先祖章仔钧留给子孙后代的最重要的文化遗产。

《章氏家训》的特点是，结合家族具体情况，对家族的期望、对子孙后代价值观与行为准则几个方面有主有次地进行了具体化，注重细节，各项规范要求明确，简明扼要，好懂好记，易学易行，体现出大道至简的智慧。

《章氏家训》远胜此前及后世很多家训，在中国的耕读文化与家训史上，此家训可与《颜氏家训》《诫子书》《朱子治家格言》《曾国藩家训》等著名家训媲美，甚至有过之而无不及，从家训目的、行为规范、落实的可能性、作为家训著作结构的完整性来看，应为首位，算得上是《颜氏家训》的浓缩版与改良版。说是浓缩版，是因为这两篇家训所说的都未离开安身立命、为人处世、传家兴家这几个所有家训都会有的内容。看起来，《颜氏家训》洋洋洒洒更加全面，实际上，《章氏家训》走的是一语中的、言简意赅的道路，却也是全面。说是改良版，是由于《章氏家训》制定者在叙述上分清了主次、找准了认为切实可行的传家兴家之法。事实上，从"耕读传家"对于其家族的重大意义及其后一千多年来的实施效果来看，太傅公章仔钧对家族的未来的把脉与开出的处方非常正确、有效，相较而言，《颜氏家训》在这方面有所欠缺，后世颇负盛名的曾国藩家训亦比不上。

南海西樵平沙岛耕读传家国学园

历史上享有盛名的理学集大成者朱熹、心学集大成者王阳明的家训著作也相形见绌。

君之所贵者，仁也。臣之所贵者，忠也。父之所贵者，慈也。子之所贵者，孝也。兄之所贵者，友也。弟之所贵者，恭也。夫之所贵者，和也。妇之所贵者，柔也。事师长贵乎礼也，交朋友贵乎信也。见老者，敬之；见幼者，爱之。有德者，年虽下于我，我必尊之；不肖者，年虽高于我，我必远之。慎勿谈人之短，切莫矜己之长。仇者以义解之，怨者以直报之，随所遇而安之。人有小过，含容而忍之；人有大过，以理而谕之。勿以善小而不为，勿以恶小而为之。人有恶，则掩之；人有善，则扬之。处世无私仇，治家无私法。勿损人而利己，勿妒贤而嫉能。勿称忿而报横逆，勿非礼而害物命。见不义之财勿取，遇合理之事则从。诗书不可不读，礼义不可不知。子孙不可不教，童仆不可不恤。斯文不可不敬，患难不可不扶。守我之分者，礼也；听我之命者，天也。人能如是，天必相之。此乃日用常行之道，若衣服之于身体，饮食之于口腹，不可一日无也，可不慎哉。

这就是朱熹的《朱子家训》。如长者的谆谆教诲，道理是没错的，为了教育子孙，甚至不惜请出早于其九百多年的刘备的名句"勿以善小而不为，勿以恶小而为之"（《三国志·蜀志传》），除了没有新意之外，我们将会发现，朱子所要引导的就是为人方面的立德，关于传家兴家的具体方法与方向几乎没有指引，也没有要求子孙后代"朝夕诵思"地去执行。以我们的日常生活经验及所见所闻可以得知，这样教导的结果，很容易出现"意见接受，做法照旧"的期望值落差。诚然，人生在世，积德行善，家必有余庆，德厚可以流布深广，德厚可以载物，只是作为家训著作而言，朱子的苦心与训导，却掩盖不了内容的平庸无奇，只是延续了孔子的"诗礼传家"的家训类型，并无新的发展，当"耕读传家"已大行其道的当时，朱子采取的是无视或忽视或认为已没必要再重复提及的态度。

王阳明则以《示宪儿》三字诗作为其家训，后世称《王阳明家训》，作于明正德十三年（1518），收录于《王阳明全集·外集二·赣州诗》。如下：

幼儿曹，听教诲：勤读书，要孝悌；学谦恭，循礼仪；节饮食，戒游戏；毋说谎，毋贪利；毋任情，毋斗气；毋责人，但自治。能下人，是有志；能容人，是大器。凡做人，在心地；心地好，是良士；心地恶，是凶类。譬树果，心是蒂；蒂若坏，果必坠。吾教汝，全在是。汝谛听，勿轻弃。

"幼儿曹"中的"曹"字是"等、辈"之意。"幼儿曹"意为：孩子们。后面所有话语均通俗易懂，完全是向幼儿说话的口气。诗的对象宪儿是王阳明养子王正宪。

正德十年（1515）正月，王阳明四十四岁，但是王阳明及弟守俭、守文、守章俱未有子，父亲王华即选择三弟王兖的儿子王守信的第五子王正宪来过继，作为王阳明嗣子，是年，正宪八岁。三年后的正德十三年（1518）正月，征三浰，三月袭平大帽、浰头诸寇，四月班师。六月，王阳明先后平息赣南山区多处山民暴乱事件，因功升任都察院右副都御史。王阳明功成名就，萌生归乡隐居之念，故在诗中有"何时却返阳明洞"之句。此时正是朝廷需要王阳明效力之时，岂能让他回家清闲？但是，家中有儿，年已十一，正是须教训之时，趁叔父回家之便，随带一纸"家训"以教训儿子，于是便有了这则《示宪儿》的《王阳明家训》。他希望家人对王正宪严加教训，读书学礼，从"心地"开始，以德行着手，将儿子培养成为"良士"。

《王阳明家训》无论是"三字经"形式，还是"心学"内容都适合作为现代家庭教育的范本。作为蒙学教材，其"三字经"形式适合小孩子诵读，音调和谐押韵，读来朗朗上口，即使儿童不一定字字都懂得很透，也有潜移默化、润物细无声的作用。

《三字经》的成书年代和作者历代说法不一，但是大多数学者的意见倾向于"宋儒王伯厚先生作《三字经》，以课家塾"。王应麟晚年教育本族子弟读书的时候，编写了一本融会经史子集的三字歌诀，据传就是《三字经》。一说是宋代人区适子。明末清初屈大均在《广东新语》卷十一中记载："童蒙所诵三字经乃宋末区适子所撰。适子，顺德登洲人，字正叔，入元抗节不仕"，认为广东顺德人区适子才是《三字经》的真正作者。一说是明代人黎贞。清代邵晋涵诗"读得贞黎三字训"，自注："《三字经》，南海黎贞撰"。

宁波大学文学院教授张如安在《北京大学学报》2009年第2期上发表了《历史上最早记载〈三字经〉的文献——〈三字经〉成书于南宋中期新说》一文，判断《三字经》应成书于南宋绍熙（1190—1194）至嘉定（1208—1224）年间，其时代要早于王应麟（1223—1296）和区适子，而宁波是目前已知的《三字经》最早流传的地区。

王阳明生活的年代是1472—1529年，处于明朝中叶，浙江绍兴府余姚县人，此余姚正是现今的宁波余姚。即使《三字经》为由元入明的黎贞所创，也是明初之事，早于王阳明，其时《三字经》已在其家乡广为流传，甚至王阳明幼儿时期是在私塾里面读着三字经长大。因此，从王阳明用《三字经》形式写作《三字诗》训儿，可见应是受了这段教育经历的影响，也主张用诗作为蒙学的主要教育手段之一。

但是，作为家训著作，尽管颇有新意，由于训导的对象是少年儿童，内容不宜过多，少儿离成家立业尚远，可不涉及传家兴家，所以走的路线是两千多年来所有家长都会做得到的简单的劝读劝善，与简明扼要、张弛有度、重点突出、可资执行的《章氏家训》相比，不免过于单薄。

《周公家训》、诸葛亮《诫子书》、唐太宗《帝范》、柳玭《柳氏叙训》、司马光《家范》、朱柏庐《朱子家训》（《治家格言》）、袁采《袁氏世范》、陆游《放翁家训》、庞尚鹏《庞氏家训》、袁黄《训子言》、姚舜牧《药言》、杨继盛《杨忠愍公集》、曾国藩《家书》等，尽管对后世各具影响力，比起《章氏家训》仍有诸多不如。三国时期的嵇康、杜预的《家诫》，东晋陶渊明的《责子》，也属于家训内容，但影响不大。历史上，韩愈、柳宗元、司马光、范仲淹、苏轼、郑板桥、林则徐等人也有成文家训，均无法与《章氏家训》媲美。

四、为耕读传家定型推波助澜的政策因素

为"耕读传家"观念推波助澜的是北宋仁宗（1023—1063）时，颁布的一项影响深远的劝耕劝读政策。

据今人胡念望考证撰文《读可荣身耕以致富：耕读文化》指出：到了宋代，耕读文化由于科举制度的演进而得到改造与加强。北宋仁宗皇帝的几条科举政策有力地推动了耕读文化的发展：一

是规定士子必须在本乡读书应试，使各地普设各类学校；二是在各科进士榜的人数上，给南方各省规定了优惠的最低配额；三是规定工商业者和他们的子弟都不得参加科举考试，只准许士、农子弟参加。这大大地激发了普通人家对科举入仕的兴趣，连农家子弟也看到了读书入仕、光耀门楣的希望。自仁宗朝始，鼓励士人、农家出身的子弟参加科举考试，且只能在本乡本土读书应试的政策导向十分明确。如此便将"暮登天子堂"的科举前景，同"朝为田舍郎"的乡土背景紧密地维系到了一起。北宋天圣五年（1027），晏殊知应天府（今河南商丘），延范仲淹为师教授生徒，这是五代世乱以来，政府首次恢复学校教学活动。1034年，又明

南海西樵平沙岛耕读传家国学园

确政策，各州立学者皆赐"学田"及"九经"。十年后，再次下诏各州、县皆立学，士子"须在学三百日，乃听预秋试"。至南宋时的江南，在京城杭州以外，"乡校、家塾、舍馆、书会，每一里巷，须一二所。弦诵之声，往往相闻"。陆游也有诗纪其实云："儿童冬学闹比邻，据案愚蠢却自珍。授罢村书闭门睡，终年不着面看人。"当日农家，每到农历十月便遣童子入学，称为"冬学"；以《百家姓》等为教材，是谓"村书"。

五、耕读传家作为一种文化现象与行为准则定型的时间及其发展

两宋时期（960—1279）家训开始大行其道，大面积流行的结果，是家训体系的日益完善。从史上第一部体系完整且含着耕读传家教诲的家训著作《颜氏家训》至此已历经四百余年，从第一部开篇明义提出"传家两字耕与读"的《章氏家训》至北宋中后期已一百多年，加之仁宗朝"规定工商业者和他们的子弟都不得参加科举考试，只准许士、农子弟参加"等几条科举政策有力地推动了耕读文化的发展，仁宗在位四十一年，广泛散落于朝野的士农人家，或出于应试考虑，或出于家族传承，"耕读传家"家训或明言或意含，至此成普遍现象，基本成形。但事物发展的规律告诉我们，此时仍需数十年时间的成长与相互学习、仿效，因此，我认为耕读传家基本可以确定于北宋仁宗之后徽宗之前即公元1064年至公元1100年前后定型。

定型的依据如下：

1. 成文家训即家训著作已在社会上大行其道。诞生于隋代的《颜氏家训》具有广泛影响力、带动作用，自宋代起，一些家族不再满足于用口耳相传的方式传承优良的家风，家训著作开始大量出现。

2. 具有里程碑意义的耕读传家家训著作已出现。五代十国时期，约在900—940年间成书的《章氏家训》，是中国第一部在开篇即明确"传家两字耕与读"的以耕读传家为核心内容的家训著作。

3. 按内容划分，以耕读传家为核心内容的家训著作成为家训中的一种重要类型，而不仅仅是一家一族之训导。初唐至安史之乱前近百年及入宋后统治疆域内亦是长达百年的文化灿烂、歌舞升平的盛世华年。北宋是中国古代历史上经济文化最繁荣的时代。儒学得以复兴，科技发展突飞猛进，政治开明，经济文化繁荣。咸平三年（1000），宋的国力占据世界比重22.7%，因推广占城稻人口从太平兴国五年（980）的3710万迅速增至宣和六年（1124）的12600万。可以推断，先民传统上的土地情结及家族意识、宗法制度对千秋万代的传承渴望，价值观与现实需求的高度集中趋向性，必然导致无数家族已经意识到耕读传家的重要性与可行性，这点必不以中晚唐、五代十国时期的动荡而停止，自隋至宋初，时日尚短。仁宗时的士农子弟方可参加科举应试的政策恰好给原先准备好的耕读传家家训加了一股劲，再经数十年，公元1100年前后，耕读传家的正式定型遂水到渠成，我们现已可从不少记载与实物，看到南宋以来"耕读传家"碑刻、门匾、著述在民间的大面积呈现。

4. 宋仁宗庆历五年（1045）二月，追封第一部明确耕读传家为家训核心内容的《章氏家训》作者章仔钧为琅琊王，目前尚未找到仁宗追封原因的文字资料，因为章仔钧只是前朝带领军民捍卫了一座城池安全的官员，今天看来，除了写作一部家训之外并无其他突出事迹，正常不可能惊动皇帝进行追封。但是，结合仁宗规定士农子弟方可参加科举的几条政策及当时的民众安居乐业、统治者对良好风气进一步倡导有利于社会稳定的需要，不难发现，首次明确提出耕读传家且家风良好的前朝章仔钧及其家族非常适合表彰为好家风的典型。

　　检索资料发现仁宗时的宰相章得象是章仔钧后人，宝元元年（1038），拜同中书门下平章事，正式出任宰相，庆历三年（1043）九月，仁宗连日催促副宰相范仲淹等人，拿出措施，改变局面，范仲淹认真总结从政二十八年来酝酿已久的改革思想，很快呈上了著名的新政纲领《答手诏条陈十事》，其中三条为"精贡举，均公田，厚农桑"。"精贡举"，即严密贡举制度，为了培养有真才实学的人，首先应该改革科举考试内容，把原来进士科只注重诗赋改为重策论，把明经科只要求死背儒家经书的词句改为要求阐述经书的意义和道理。"均公田"，公田，即职田，是北宋地方官的定额收入之一，但分配往往高低不均。范仲淹认为，供给不均，怎能要求官员尽职办事呢？他建议朝廷均衡一下他们的职田收入，没有发给职田的，按等级发给他们，使他们有足够的收入养活自己。然后，便可以督责他们廉洁为政。"厚农桑"，即重视农桑等生产事业，范仲淹建议朝廷降下诏令，要求各级政府和人民，讲究农田利害，兴修水利，大兴农利，并制定一套奖励人民、考核官员的制度长期实行。

　　由此考证可知，追封章仔钧时，正是仁宗重用范仲淹与章氏后人章得象之时，正是仁宗与范仲淹认识到并实践了两年"读可荣身耕可富"的国泰民安政策之时，正是仁宗推行向士农子弟一边倒的科举政策之时。章仔钧的《章氏家训》倡导的"耕读传家"正好符合了国家的需要，无疑，追封此家训的创立者以此引导更多家族都来"耕读传家"，正是配合国家政策推行的一项有力举措。

此举直接导致了耕读传家家训的大面积推广，再一次印证了孔子"君子之德风，小人之德草"的观点。

宋以后，晚清的中兴名臣曾国藩、左宗棠家训，将"耕读传家"家训带至新一轮高潮，是对耕读传家的一大贡献。此时，"耕读传家"成熟，达至鼎盛。生于1873年的著名学者梁启超，也在一篇文章中自述家世时说："启超故贫，濒海乡居，世代耕且读。数亩薄田，举家躬耘以为恒。"

宋代以后的江南人家，亦耕亦读，物质财富和精神财富两方面同步得到积累，相辅相成，最终实现耕读传家的理想生活图景，成为小康之家一种实惠的持家方略。于是，山清水秀的温州成为耕读社会的理想境地，士风日盛，人才之美一时甲于东南。而一些世家大族，如"南渡"前为赵宋宗室，后自南宋到清初先后流寓浙江绍兴、归安、上虞和杭州一带的赵氏，江苏常熟的钱氏，以及山东新城（今桓台）的王氏等，也均以此为保持家族文化、经济和社会名望的秘诀。"诗书之泽，衣冠之望，非积之不可。"有"耕读传家"的传统在，才有书香世家诞生的可能。

千百年来，许多家庭的门楣，经常出现"耕读传家""耕读当为""晴耕雨读""耕读世业""耕读人家""耕读家风"这样的匾额，人们以"耕"为生存之本，以"读"为升迁之路。如果我们流连于皖南黟县这一徽商故里的古民居之中，依然能够随时领略到耕读文化精神对当地的影响。当地老房子的楹联中可见：
"二字箴言，惟勤惟俭；两条正路，曰耕曰读""传家无别法，
非耕即读；裕后有良图，惟俭与勤"。也有将形而下的耕田读书
行为，延伸到形而上的哲学层面上的，如："光前须种书中粟；
裕后还耕心上田""世事让三分，天宽地阔；心田存一点，子种
孙耕"。

南海西樵平沙岛耕读传家国学园

第三章

第一节　耕读传家的基本特征

"道德传家，十代以上；耕读传家次之，诗书传家又次之，富贵传家，不过三代。"

学者普遍认为，此话由"君子之泽，五世而斩"（《孟子·离娄章句下》）演变而来。两千多年来，民间原本一直流传着"富不过三代"的说法，这是人们根据历史记载与平时所见所闻得出的断语。

"泽"，是指一个人的功名事业对后代的影响；"斩"，意为断了，没法再继承。"君子之泽，五世而斩"是指君子的品行和家风经过几代人之后，就不复存在，也指先辈积累的财富家产经过几代人就会败光了。《易传》是一部古代哲学伦理著作，属于战国时期解说和发挥《易经》的论文集，是理解易经的经典著作。《易传·文言传·坤文言》提出："积善之家，必有余庆，积不善之家，必有余殃。"说的是修善积德的个人和家庭，必然有更多的吉庆，作恶坏德的，必多更多的祸殃。但是，几乎同时期的儒家亚圣孟子则近于悲观地直言不讳：尽管家有余庆，仍不免五世而斩。

我们已经知道，整部人类家训史，同时也是以家庭、家族为基本构成单位的人类社会试图解决家族传承问题的历史。"耕读传家次之"的表述，我们根据已掌握的资料，就可推断出此话的出现最早不可能早于1100年前章仔钧未写下《章氏家训》的时候。此前，耕读传家仍只是存在于某些先贤心中的一个模模糊糊的概念。此后，当耕读传家蔚为风气、成效显著，人们进行了思考，终于得出了这个至今仍被普遍认可的结论。

对于此话，我们需要正确理解，富贵传家、诗书传家、耕读传家的根本特征就是道德传家，我可以在此断言，离了道德二字，所有的家训、所有的传家类型将不会存在，因为与人类起码的公序良知严重违背的一切言行必定传之不远。所以，当某种极端现象出现，比如某个家族，纯粹只是以物质上的富贵试图传下去甚至期望千秋万代的时候，那么，在不远的将来，这个家族必然只有这么一条道路——灭亡，或者没落。时下无数的私人商业帝国掌舵人必须有足够的自我警醒与自我净化之心。

既然所有的传家类型根本特征甚至外在表现也是道德传家，为什么还要进行各种类型的划分？

首先，道德传家本身具有引领性表述的作用，类似于中药、戏曲、音乐、小说当中的引子。

其次，道德传家为所有的传家类型指明了方向，同时易于对某些传家类型进行区分，比如偏重于功名利禄的富贵传家，比如某些器量狭小实用至上的非典型传家类型。

再次，人类社会的家族传承类型，从其侧重点以及方法角度，基本上可以划分为这么四种：道德传家、耕读传家、诗书传家、富贵传家。诗书传家与诗礼传家同义，"贫者因书而富，富者因书而贵"，表达稍有出入而已。大家看到类似于"清白传家""忠厚传家""规矩传家"之类的说法，不免疑惑，一般就可归入诗书传家或耕读传家这两个大类，而不归入道德传家。但有一种情况需要注意，类似规矩传家之类的提法，一般是今人的创设，比如安徽卫视《家风中华》节目里面就曾出现过，未经时间考验，且这种提法本身就不规范、不严谨，因为所有家训都包含着某些规矩，家规就是典型的表现，如果将家规也作为一种类型参与进类型的划分，取名为家规传家或规矩传家，只会呈现出空洞的特点且泛边界化，对于家风家训的研究无有裨益。既难以成立，还不好归入其他种类。我们知道，若某种提法渗透到所有的类型里面就会导致无法划清边界，边界模糊的后果就是难以甚至无法对研究对象进行框定。

而类似于规矩传家的提法，如前所述，还不能等同于道德传家，因为这些提法达不到道德传家的制高点与统领性作用，这点需要体会。

最后，"道德传家"之道德为形而上的范畴，看不见摸不着，只可感受甚至无法言传，尽管所有正常且有效的传家之法最终指向都是道德传家，但由于这种类型先天缺乏具体的可执行的路径的结果，终究对于家族传承来讲，意义不大，因此需要细化，将其单列出来，这种情形，类似于法律上的根本大法宪法与其他法律的区别。为了更好地说明这个问题，还有一个很好的例证。西方最伟大的哲学家之一柏拉图，年轻时推出《理想国》，向我们描绘出了一幅理想的乌托邦画面，在这本巨著里，柏拉图充满理

败家两字曰"暴"与"凶"

南海西樵平沙岛耕读传家国学园

想地提出"哲学王之治"。后来，晚年的柏拉图终于明白，世上本没有完美的事物，因为种种原因，世间之事需要世间易于执行的路径与方法，于是七十四岁高龄时着手写作《法律篇》第一卷，反映了柏拉图从"人治"过渡到"法治"的认识。在林林总总的希腊城邦中，何处有所谓的、道德高超的"哲学王"？显然只有依靠"法治"。法律即为治理方法，正如在家族传承中，富贵传家应当忽略，耕读、诗书就是传家方法，柏拉图从天上回到了人间，家族传承也需要从天上回到人间。

第二节　中国历史上的十大家训与十大耕读传家家训

一、中国历史上十大家训

人类社会自从出现了"家"的意识与表现形式，便有了家训，从口口相传，到文字出现后的成文成篇。在中国，有文字记载最早与家训直接相关的年代可远溯到周朝初年的武王时期。

《诗经·周颂·时迈》"我求懿德"的歌唱，据推测，作于武王克商回返镐京途中，是在今天河南洛阳土地上祭天的作品（李山《周初诗歌创作考论》，《新国学研究》第2辑，177—190页，北京，人民文学出版社，2005）。懿德，美好而高厚的道德。"我求懿德，肆于时夏"，意思是我希望以美好而高厚的道德，遍施中国各地方。对于周初家国一体的帝王家族的武王，其治下之愿景，也是对其家族子子孙孙的要求。以德治，而后生出许多与此相关的礼仪，天下一片美好，无怪乎东西周交界时期的孔子"厚古而薄今"。不妨这样认为，"我求懿德"拉开了中国有文字记载以来的家族传承序幕，正常而能行之久远的起着统领性的道德传家贯穿着整个中国历史进程，直接催生了最早成文、被列为中国历史上十大家训之一的周公《诫伯禽书》。这一年，是公元前1046年。这一年的确定在学术界颇为周折：20世纪90年代，武王克商之年已有四十四种说法，1996年5月启动国家"九五"重点科技攻关项目夏商周断代工程，集结了历史学、考古学、天文学、科技测年学等不同学科门类二百余名专家学者，经过近五年不懈努力，终于解决了一批历史纪年中的疑难问题。《考古中国——夏商周断代工程解密记》（岳南著，海南出版社出版），其中包括了专家组在经过反复权衡后的这个结论。

人们根据各个成文家训的内容、重要性、影响力进行了归纳，基本上趋同性地罗列出中国历史上十大家训，其中不乏名人效应对超级十大榜单的影响，也许还应有更好的遴选与排名。如下：

（一）周公的《诫伯禽书》

周成王亲政后，营造新都洛邑，大封诸侯。他将鲁地封给周公之子伯禽。周公告诫儿子伯禽说："你不要因为受封于鲁国就怠慢、轻视人才。我是文王的儿子，武王的弟弟，成王的叔叔，又身兼辅佐皇上的重任，我在天下的地位也不能算轻贱的了。可是，一次沐浴，要多次停下来，握着自己已散的头发，接待宾客，吃一顿饭，要多次停下来，唯恐因怠慢而失去人才。我听说，德行宽裕却恭敬待人，就会得到荣耀；土地广大却克勤克俭，就没有危险；禄位尊盛却谦卑自守，就能常保富贵；人众兵强却心怀敬畏，就能常胜不败；聪明睿智却总认为自己愚钝无知，就是明哲之士；博闻强记却自觉浅陋，那是真正的聪明。这六点都是谦虚谨慎的美德。即使贵为天子，之所以富有四海，也是因为遵循了这些品德。不知谦逊从而招致身死国丧，桀纣就是这样的例子。你怎能不慎重呢？"伯禽没有辜负父亲的期望，没过几年就把鲁国治理成民风淳朴、务本重农、崇教敬学的礼仪之邦。有道是"周公吐哺，天下归心"。周公对儿子的谆谆教诲，可谓良苦用心。

（二）司马谈的《命子迁》

司马谈学富五车，所以他后来做了汉武帝的太史令，通称太史公，掌管天时星历，还职掌记录，搜集并保存典籍文献。这个职位是武帝新设的官职，可以说是武帝为司马谈"量身定制"。因此，司马谈对武帝感恩戴德又尽职尽责。由于责任心极强，司马谈在临死的时候，拉着儿子司马迁的手，边哭边嘱咐，留下了著名的家训《命子迁》。

司马谈希望自己死后，司马迁能继承他的事业，更不要忘记撰写史书，并认为这是"大孝""且夫孝，始于事亲，中于事君，终于立身。扬名于后世以显父母，此孝之大者"。他感到自孔子死后的四百多年间，诸侯兼并，史记断绝，当今海内一统，明主贤君、忠臣义士等事迹，作为一名太史而不能尽到写作的职责，内心十分惶惧不安。所以他热切希望司马迁能完成他未竟的大业。司马迁不负父亲之命训，最终写出被誉为"史家之绝唱，无韵之离骚"的《史记》，名垂青史。有人说，没有司马谈的《命子迁》，就没有司马迁的《史记》。

（三）诸葛亮的《诫子书》和《诫外甥书》

诸葛亮四十六岁才得子诸葛瞻。他很喜欢这个儿子，希望儿子将来成为国家栋梁。诸葛亮有两个姐姐，二姐所生子叫庞涣，深得诸葛亮喜爱。诸葛亮常年征战，政务缠身，但仍不忘教诲儿辈。他写给诸葛瞻和庞涣的两封家书，被称为《诫子书》和《诫外甥书》。

《诫子书》曰："夫君子之行，静以修身，俭以养德。非淡泊无以明志，非宁静无以致远。夫学须静也，才须学也，非学无以广才，非志无以成学。淫慢则不能励精，险躁则不能治性。年与时驰，意与日去，遂成枯落，多不接世，悲守穷庐，将复何及！"

《诫外甥书》曰："夫志当存高远，慕先贤，绝情欲，弃疑滞。

使庶几之志揭然有所存，恻然有所感。忍屈伸，去细碎，广咨问，除嫌吝，虽有淹留，何损于美趣，何患于不济。若志不强毅，意气不慷慨，徒碌碌滞于俗，默默束于情，永窜伏不庸，不免于下流。"

从两封信中可以看出，他对儿子和外甥的要求是一致的。《诫子书》和《诫外甥书》是古代家训中的名篇，阐述修身养性、治学做人道理，读来发人深省。

（四）《颜氏家训》

颜之推结合自己的人生经历、处世哲学、思想学识，写成《颜氏家训》一书训诫子孙。全书共有七卷计二十篇，各篇内容涉及的范围相当广泛，但主要是以传统儒家思想教育子弟，讲如何修身、治家、处世、为学等。

如他提倡学习，反对不学无术；认为学习应以读书为主，又要注意工农商贾等方面的知识；主张"学贵能行"，反对空谈高论，不务实际等。书中许多名句一直广为流传，如："与善人居，如入芝兰之室，久而自芳也；与恶人居，如入鲍鱼之肆，久而自臭也。""积财千万，不如薄技在身。""幼而学者，如日出之光；老而学者，如秉烛夜行，犹贤与瞑目而无见者也。""父子之间不可以狎；骨肉之爱，不可以简。简则慈孝不接，狎则怠慢生矣。""生不可不惜，不可苟惜。"

历代对《颜氏家训》非常推崇，甚至认为"古今家训，以此为祖"，反复刊刻，虽历经千余年而不佚。

（五）唐太宗的《诫皇属》

帝王家训占有特殊位置，其代表作之一就是唐太宗李世民的

《诫皇属》。太宗非常注重对皇子们的教育，经常告诫后代，应当遵守道德规范，加强道德修养，掌握治国之道。

（六）包拯家训

包拯以公廉著称，刚直不阿，执法如山。他在晚年为子孙后代制定了一条家训，云："后世子孙仕宦，有犯赃滥者，不得放归本家；亡殁之后，不得葬于大茔之中。不从吾志，非吾子孙。"共三十七字，其下押字又云："仰珙刊石，竖于堂屋东壁，以诏后世。"又十四字。

"珙"者即包拯的儿子包珙。包拯的这则家训是他生前对子孙的告诫，并让其子包珙刊石，竖于堂屋东壁，以照后世。这寥寥三十七字，凝聚着包公的一身正气、两袖清风，虽千载之下，亦足为世人风范。包拯的家训，既是他对后人的训诫，也是他一生的品格写照。

（七）欧阳修的《诲学说》

欧阳修四岁时父亲就去世了，母亲对他的教育很严格。为节减开支，母亲用芦苇、木炭作笔，在土地或沙地上教欧阳修认字。欧阳修在家训中希望儿子能继续养成读书的习惯，并从书中学会做人的道理。

于是他在教导二儿子欧阳奕努力学习时写下《诲学说》："玉不琢，不成器；人不学，不知道。然玉之为物，有不变之常德，虽不琢以为器，而犹不害为玉也。人之性，因物则迁，不学，则舍君子而为小人，可不念哉？"欧阳修以"玉"喻"人"，诲学有道，可谓金玉良言。

（八）《袁氏世范》

袁采为人才德并佳，时人赞称"德足而行成，学博而文富"。在任乐清县令时，他感慨当年子思在百姓中宣传中庸之道的做法，于是撰写《袁氏世范》一书用来践行伦理教育。

《袁氏世范》深入浅出，娓娓道来，如话家常，所以又称《俗训》。书中有许多句子十分精彩，如"小人当敬远""厚于责己而薄责人""小人为恶不必谏""家成于忧惧破于怠忽""党人不善知白警"，等等。《袁氏世范》很快便成为私塾学校的训蒙课本。历代士大夫都十分推崇该书，奉为至宝。

《袁氏世范》是中国家训史上可与《颜氏家训》相提并论的一部，真正做到了"垂诸后世"。

（九）《朱子家训》

朱柏庐（1627—1698），明末清初江苏昆山县人。著名理学家、教育家。朱柏庐的父亲在守昆山城抵御清军时遇难。朱柏庐侍奉老母，抚育弟妹，播迁流离，备极艰辛。

他始终未入仕，一生教授乡里。他潜心治学，以程、朱理学为本，提倡知行并进，躬行实践。他与顾炎武坚辞不应康熙朝的博学鸿儒科，与徐枋、杨无咎号称"吴中三高士"。

《朱子家训》全文五百余字，内容简明赅备，文字通俗易懂，朗朗上口，问世以来，不胫而走，成为有清一代家喻户晓、脍炙人口的教子治家的经典家训。其中一些警句，如"一粥一饭，当思来之不易；半丝半缕，恒念物力维艰""宜未雨而绸缪，毋临渴而掘井"等，在今天仍然具有教育意义。

（十）《弟子规》

李毓秀（1647—1729），字子潜，号采三。清初著名学者、教育家。李毓秀科举不中后，就致力于治学。他根据传统对童蒙的要求，结合自己的教书实践，写成了《训蒙文》，后来经过贾存仁修订，改名《弟子规》。

《弟子规》清代后期广为流传，几乎与《三字经》《百家姓》《千字文》有同等影响。《弟子规》看似一本不显眼的小书，实际上汇集了中国至圣先贤的大智慧。

二、中国历史上十大耕读传家家训

耕读传家是一个专门的领域，既然可以建构独立、自治的理论体系，那么，这就是家风家训的子领域，也是文化学的子领域。在这领域里，我们不妨从各个方面包括且不限于文本内容、写作体例、家族传承效果、对家风家训形态走向的影响范围与力度进行比对、选取，以求更精准，其中不免与上述中国十大家训产生重合交集。

（一）章氏家训

作者章仔钧（868—941），出生于五代十国时的官宦世家，北宋庆历五年（1045），追赠琅琊王，世称太傅公。

这是中国历史上第一部正式明确将耕读传家列为家训的著作，全文仅一百九十六字，开篇点题："传家两字，曰耕与读"。从此，逐步奠定了中国以耕读传家为主流家训的局面。历来备受推崇，国学大师章太炎，当代贾平凹、钱文忠等学者对此十分赞赏。

我则认为应列为中国十大家训之首。

该家训的核心内容是耕读传家，教育子孙后代要勤于劳动，要读书明理，否则无法很好地安身立命，无法很好地传承家族。其特点是，结合家族具体情况，对家族的期望、对子孙后代价值观与行为准则几个方面有主有次地进行了具体化，注重细节，各项规范要求明确，简明扼要，好懂好记，易学易行，体现出大道至简的智慧。

南海西樵平沙岛耕读传家国学园

（二）颜氏家训

作者颜之推（531—约590），南北朝后期到隋朝初年著名的经学家、文学家、文字音韵学家和杰出的教育家。

《颜氏家训》是对汉魏以来出现的《诫子书》《家诫》，以及中国人道德观念和道德戒律的全面总结和系统整合，成为我国封建时代家训的集大成之作和第一部完整而系统地论述家庭教育的教科书。

《颜氏家训》问世以后，历代士大夫推崇备至，南宋陈振孙称："古今家训，以此为祖。"颜氏家族人才辈出，颜思鲁、颜愍楚、颜游秦、颜师古、颜相时、颜勤礼、颜真卿、颜杲卿等一大批由《颜氏家训》培育出的精英子孙，将颜氏经学、书法、忠烈的家风推向灿烂辉煌的顶峰。

该家训在《治家篇》谆谆告诫子孙说："生民之本，要当稼穑而食，桑麻以衣。"这里，业已确立了颜氏家族的治家守业之本为耕读传家。

（三）曾国藩家训

作者曾国藩（1811—1872），孔子亲传弟子、宗圣曾子的七十世孙。中国近代政治家、战略家、理学家、文学家，与李鸿章、左宗棠、张之洞并称"晚清四大名臣"。官至两江总督、直隶总督、武英殿大学士，封一等毅勇侯，谥曰文正，是中国历史上最具影响的人之一，被后世看作"圣人""千古第一完人"，理由是他立德立功立言，为师为将为相，却得以全身而退。

该家训亦称曾国藩家书，主要由其与家人书信往来组成。家书中提及，其父曾麟书要求："有子孙，有田园，家风半耕半读，但以箕裘承祖泽""齐家治国平天下，那些事儿曹当之"。清咸丰十年（1860）闰三月二十九日，曾国藩在家书中将其祖父曾星冈传家法宝归结为：书、蔬、鱼、猪、早、扫、考、宝。后世称为曾国藩的八字家训。他要求"子侄除读书外，教之扫屋、抹桌凳、收粪、锄草，是极好之事，切不可以为有损架子而不为也。家中养鱼、养狗、种竹、种蔬四事。皆不可忽。一则上接祖父以来相承之家风，二则望其外有一种生气。登其庭有一种旺气。"

曾国藩有段著名的评论，说家庭兴旺的规律是，天下官宦之家，一般只传一代就萧条了，因为大多是纨绔子弟；商贾之家，也就是民营企业家的家庭，一般可传三代；耕读之家，也就是以治农与读书为根本的家庭，一般叫兴旺五六代。

（四）左宗棠家训

左宗棠（1812—1885），号湘上农人，晚清重臣，军事家、政治家。左宗棠波澜壮阔的一生充满传奇，本是清王朝体制外人员，却自四十岁开始靠事功进入体制内，官拜宰相；地道的书生，做过私塾先生，写得一手锦绣文章，却以军功传世，年近七旬抬棺西征，收复新疆，保住中国六分之一国土，七十三岁组织"恪靖援台军"抗击法寇渡海作战，被誉为中国历史上四个打不败的将军之一——另三位是韩信、李靖、岳飞。后世对他评价很高，中国近代思想家、政治家梁启超先生称他为"五百年以来的第一伟人"。

左宗棠家训主要包括左宗棠家书和其题写的楹联匾额以及留下的警示劝诫名言等。现流传卜来的左宗棠家书有一百六十三封，是他在戎马倥偬、政务繁忙之际写给夫人、仲兄、儿女和侄儿们的信札。他在家书中要求"耕读为本，自立自强""耕田读书，勿使子孙蜕化为纨绔子弟"。

同治五年，儿辈求训甚切，左宗棠书联以勉："要大门闾，积德累善；是好子弟，耕田读书。"并强调："慎交游，勤耕读，笃根本，去浮华。"此外，给左氏家庙题写了一副对联："纵读数千卷奇书，无实行不为识字；要守六百年家法，有善策还是耕田。"嘱咐儿子孝威务必刊悬祠中，以示族中子弟。

（五）唐太宗家训

作者李世民（598—649），即后世享有盛名的帝王唐太宗，唐朝第二位皇帝。李世民为帝之后，积极听取群臣的意见，以文治天下，并开疆拓土，虚心纳谏，在国内厉行节约，并使百姓能够休养生息，终于出现了国泰民安的局面，开创了中国历史上著名的"贞观之治"，为后来唐朝一百多年的盛世奠定基础。

该家训取名《诫皇属》，为告诫皇帝亲属之意。在历代家训中，帝王家训占有特殊位置，其代表作之一就是唐太宗李世民的《诫皇属》。

太宗非常注重对后代的教育，经常告诫他们，应当遵守道德规范，加强道德修养，掌握治国之道。在《诫皇属》中，唐太宗告诫皇属们说："朕即位十三年矣，外绝游观之乐，内却声色之娱。汝等生于富贵，长自深宫。夫帝子亲王，先须克己。每著一衣，则悯蚕妇；每餐一食，则念耕夫。"唐太宗以自己勤勉政事为例，告诫"生于富贵，长自深宫"的皇子公主们务必要克制自己，珍惜财物，不可奢侈，每穿一件衣服、吃一顿饭，都不要忘记蚕妇农夫的辛勤。

（六）晋商王氏家训

作者已无法考证。

该家训为王氏家族重要标志之王家大院的一副祭祖堂联："追旧德为善最乐济乡里；修先业耕读传家望青云。"意即追念先人之美德，以行善为最快乐，帮助乡里做善事；修行先辈事业，传承耕读家风，才能平步青云，事业旺盛。修先祖为官为商兼慈善事业之德，还需以耕读传家方可追求青云直上。如果不是王氏历代先祖有着各种各样得益于耕读传家的经历，必无法得出这样的体会并将之形成家训教导子孙后代。

作为山西商人群体的杰出代表，据说在元朝皇庆年间一位名叫王实的人定居静升，在事耕的同时，兼做豆腐，由于技高一筹，加之为人敦厚，生意渐兴，因此王实被尊为静升王姓始祖。王氏家族鼎盛于清朝康熙、乾隆、嘉庆年间，在此时代，王家入宦者仅二品至五品官员就有十二人，含授、封、赠在内的各类官员达四十二人，足以看出王家的显赫。到清中叶，王家便由原来的平民发展成为居官、经商、事农综合型的名门望族，民国初年，王家店铺仍然覆盖晋、冀、京、津等省市。王家大院包括东大院、西大院和孝义祠，总面积近三万五千平方米。到了现代，王家大院作为我国优秀的传统建筑文化遗产和民居建筑艺术珍品，在国内外产生了积极的影响，被广誉为"华夏民居第一宅""中国民间故宫"和"山西的紫禁城"。

（七）张谷英家训

作者张谷英（1335—1407），元末明初人。据族谱记载张谷英原籍江西，曾任明指挥使，于明洪武年间放弃指挥使军职不做，由吴入楚，沿幕阜山西行，归隐于湖南岳阳县渭洞笔架山麓，其子孙后代就在这里依山建起了延绵四里多的大屋场，这便是今天被评为中国历史文化名村、全国重点文物保护单位的张谷英村，为中国保存最为完整的江南民居古建筑群落之一，有"天下第一村"之称。

张谷英将"耕读继世、孝友传家"这八个字作为家训，"耕读继世；孝友传家"的对联，高悬在张谷英村的主要门楼前，成为支撑张谷英家族的精神支柱。

在张谷英家族的家训中，"勤耕读"是一个突出的主题。先祖深知耕读的重要性，告诫后人要"耕读为本，以俭朴为荣，兴书香门第，继百忍家风，尚礼仪而四邻和好，爱劳动而百业兴隆"，并留下"兴门第不如兴学第，振书声然后振家声"的祖训族规。

（八）黄士俊家训

作者黄士俊（1570—1654），广东顺德甘竹右滩人，明朝万历三十五年（1607）殿试第一，状元及第，历任翰林院修撰、礼部尚书、太子太保、文渊阁大学士，进入宰相行列，位极人臣，成为明代岭南三位状元当中官位最为显赫的一个。

黄士俊家训特别强调的就是耕读传家。"昔燕山家庭有法，五子俱登；孟母庭训有方，一儿亚圣。今之父兄可不慕乎？故居家庭，宜以诗书为训；处家里，宜以谦让为先；治田园，宜以耕耨为本。""宁可以德胜人，切勿以财傲众。不读诗书，纵富万金，实作愚人之论；能通经史，虽贫四壁，堪称儒士之门"。

大意是，家族传承应该寻找方法，如果方法得当，也可以像五代后周时期燕山府的窦禹钧五个儿子都品学兼优，先后登科及第，都成了进士，也可以像教导有方的孟子的母亲一样，培育了一个能称为亚圣的儿子。我的体会是，家族要兴旺和睦，家族要传承得好，必须好好读书，既学到谋生本领，又能体会到书中的教诲；必须好好耕种，这是有效管理土地田园使家族兴旺发达的根本啊！宁愿以道德使人尊敬，也不以财富使自己看起来很了不起，如果不读诗书，就算成为富豪，也应看作愚蠢之人，如果能够做到学识渊博，就算是物质上很贫乏，这种家族也能称得上书香门第。

状元宰相黄士俊雕像

　　1621年，在顺德大良城南门外凤山脚下修建了今天有着"广东四大名园"之称的清晖园，期望子孙在园中践行家训。其后黄氏家族在一百多年间成为顺德本地的名门望族。清乾隆年间，其后人将花园卖了给一个叫龙应时的进士，龙应时的儿子将其改名清晖园，寓意是父母之恩就像日光和煦照耀，龙应时儿子在入住清晖园之后也中了进士。

　　黄士俊以耕读作为传家之法，家训著作写得酣畅淋漓，后半部分带有明显感情色彩，与其早年的经历有关。也因这段经历，

后人戏称这位清晖园主人为"鸭蛋状元"。当年上京赶考之时前往求助家底殷实的岳父，却只肯借给他两只鸭蛋。金榜题名之后，黄士俊对此往事感慨万千，写了一首《鸭蛋诗》。可惜的是，此诗早已失传，从题目上看，除了感叹世态炎凉之外，大概也有嘲讽老丈人嫌贫爱富、缺乏长远眼光的内容。

其后人可以欣慰的是，这位鸭蛋状元为官清廉，任职礼部尚书时，人称"清正黄尚书"，入阁做宰辅后，黄士俊在工作中尽忠尽职，提醒皇帝要注意民生问题。辞官归家后，毫不掩饰地写道"求治太急，进退颇轻，民力已竭，筹边尚疏，饷务过繁，内防宜密"，崇祯皇帝看到后感触良多。被称为明清之际三大思想家之一的王夫之曾为他题诗道："顺德黄阁老士俊，四十年状元宰相。"

黄士俊对父母亲的孝顺及对乡亲的重情重义、乐善好施在当时就已颇有美名。黄士俊有一个值得现代人学习的好习惯：外出必定携带零钱，以便随时救济路上遇到的贫苦人。崇祯三年（1630），黄士俊父亲百岁大寿，他再次请求辞官回家服侍父亲，得到皇帝批准并特赐"熙朝人瑞"称号。如今，据说在黄氏大宗祠依然可见到崇祯皇帝赐给其家族的"一品百龄"牌匾。功成名就后，黄

崇祯帝钦赐广东四大名园之清晖园最早主人黄士俊的牌匾

士俊派人在杏坛右滩的河边一带修筑石堤，借此抵御洪水，造福于民，当地人称此堤为"黄公堤"。

有人对黄士俊在七十五岁时明朝被灭亡后曾有过短暂的降清经历进行指责，然而，这些指责的人有意无意之间忽略的是，1644年后，黄士俊以七十八岁高龄在广州拥立新帝，广州城破之后不得已才降清，第二年找到机会又回到南明政权继续抗清，继续出任宰相，直到八十岁才向南明永历帝辞去官职回乡居住。这段短暂迫降经历，可谓身不由己，忍辱负重，权宜之计，大节不亏，却颇为悲壮。

（九）钱氏家训

作者钱镠（852—932），五代十国时期吴越国王。其孙子钱弘俶在已将吴越国治理成五代时期最为富有的国度的时候，遵循钱镠立下的家训，带着全族三千余人赶赴开封，面见宋太祖，俯首称臣，这便是历史上著名的纳土归宋事件。由于钱氏家族的睿智选择，得以保全宗脉，江南地区更得以免遭战争之苦。北宋时编写的《百家姓》第一句就是"赵钱孙李"，赵氏为帝，所以将"赵"姓排在第一位；将"钱"姓排为第二，都是因为钱氏国王为和平统一中国所做的抉择。

该家训明确要求"子孙虽愚，诗书须读。家富提携宗族，置义塾与公田。""私见尽要铲除，公益概行提倡。""上能吃苦一点，民沾万点之恩。利在一身勿谋也，利在天下者必谋之；利在一时固谋也，利在万世者更谋之。""凡中国之君，虽易异姓，宜善事之。要度德量力，而识时务，如遇真君主，宜速归附，圣人云顺天者存。"

钱氏家族身为帝王家族，三代以后沉寂千年，近百年来突然出现人才井喷现象，横跨各领域，先后出现了一位诺贝尔奖得主、两位外交家、三位科学家、四位国学大师、五名全国政协副主席、十八位两院院士以及众多杰出人物，分布于世界五十多个国家，除了世人熟知的钱学森、钱三强、钱伟长自然科学界"钱氏三杰"外，诸如钱其琛、钱俊瑞、钱正英、钱复、钱基博、钱文忠等均系钱门，堪称近代望族，其中奥秘值得所有人挖掘与深思。

（十）纪氏家训

作者纪晓岚（1724—1805），名昀，字晓岚，清代政治家、文学家。历官左都御史，兵部、礼部尚书，协办大学士加太子太保管国子监事致仕，曾任《四库全书》总纂修官。纪晓岚博览群书，工诗及骈文，尤长于考证训诂，为官五十余年，年轻时才华横溢。由于风趣幽默，后世流传许多关于其与乾隆君臣之间的轶事传说。

其家训主要是一副对联："一等人忠臣孝子；两件事耕读传家"。这副对联，非常凝练地概括了中国传统文化的根本精神。大意是，只有忠臣与孝子，才能被称为高尚、受人尊敬的人；人生有两件重要的事情必须去做，那就是耕作与读书，只有这样，才能更好地传承家族。此外，纪晓岚还为子孙后代制定了"四戒四宜"。四戒：一戒晏起，二戒懒惰，三戒奢华，四戒骄傲；四宜：一宜勤读，二宜尊师，三宜爱众，四宜慎食。"晏起"就是晚起。"慎食"就是节制饮食的意思。

在纪晓岚家训熏染之下，次子纪汝传当过江西南昌、九江等府通判，三子纪汝似曾任广东候补东莞县丞。纪晓岚后人进入仕途的不多，现已传到第七代，分散于全国各地，其中，出了不少名人。

南海西樵平沙岛耕读传家国学园

第四章

中国历史上名门望族的命运与"耕读传家"有着的内在联系。此处所述的名门望族，是指历史悠久而地位较高、颇有声望的家族。随着研究的不断深入，思之再三，仍感极有必要将帝王家的兴衰列入其中，尽管因为帝王家族的兴衰更多的是受着非常复杂的价值观、治理文化设计、行政执行、社会与自然环境等内外部因素影响，但从家族传承角度，不仅不能划分出去，而且恰恰是我们无法绕过且要逐步展开研究与呈现的对象。

家族兴盛，是指一个家族在相当长的时期内人才辈出并以家族整体在社会上享有一定程度的名声与威望，其中显著者为名门望族。从"耕读传家"家训与家族兴衰内在联系的角度，我们不妨将历史上的名门望族分为四种类型：独一无二型、持久兴盛型、骤兴骤衰型、未兴已衰型。独一无二型是指由于历史与文化的原因以致无法仿效无法复制的一种形态；持久兴盛型，是指家族中出现了一位标志性人物之后，将家族带往一个较高的高度，之后若干年内，家族人才辈出，家族持续保持较高声望；骤兴骤衰型，是指家族出现突如其来的兴盛，其后短时间内又突然停止了这种显著的兴盛状态，转向平淡甚至彻底沉寂；未兴已衰型，是指家族中出现了一位在历史上有一定影响的人物，但与作为一个家族整体出现于历史舞台仍有区别，其后并未形成家族式影响力。

需要指出的是，以上所有家族类型的划分，只是为了分析研究的需要，选其典型特征，家族类型的变化本身是一个动态的过程。为了更好地了解以上种种情况，下面以"耕读传家"家训为探究家族兴衰规律的工具，展开事例分析。

第一节　独一无二型：孔子家族——特殊的耕读传家

一、孔子家族为家训史上不可复制之特例

孔子（前551—前479）名丘，字仲尼，儒家学说创始人，我国古代伟大的思想家、政治家、教育家。孔子家族是对孔子的所有后裔的总称，孔子后裔有曲阜孔氏、阙里孔氏、真孔、内孔、内院孔等分支。这个家族为世界贡献了孔子这么一个其他任何家族无法相比的家族开创者，这个开创者2000多年来受到历朝历代以及国内外民众的无比推崇，被尊为"万世师表"，其思想光芒在全世界影响深远，无论按何种标准评选，均被公认为世界十大文化名人之一。

家族谱系完整清晰，至今繁衍了两百多万人，传承至第八十代，规模巨大，作为"世家"必备的"世代相沿的大姓氏大家族"特征显著。当初，从孔子往下一连七代都是单传，曾经多次面临断代危险，直到西汉初年的第八代繁盛，将这个家族顺利延续至今。因此，后世将孔子一脉单列出来，称为孔子家族，亦称为孔子世家。

家族成员代表在持续绵延两千五百年的绝大多数时间里世袭着王公侯爵待遇，周王室姬氏家族辉煌近八百年，在时间上只及孔家三分之一，世界范围内其他任何家族对于这项纪录更是望尘莫及。

历朝历代国家最高统治者出于治理国家、维护统治阶级利益的需要，一直在各方面给予孔子家族大力扶持，以至这个家族一经崛起便持续辉煌，在世界家训史上成为无法复制、空前绝后的特例。

从家族开创者及后人获得的封号与礼遇上看。孔子去世三百年后，汉高祖刘邦路过山东，以牛羊太牢的最高级别祭奠孔子，第九代孙孔腾获封"奉祀君"；接下来，汉元帝封孔子十二代孙孔霸为"关内侯"；唐玄宗将孔子三十五代孙孔燧之提升为"文宣王"；西夏仁宗时孔子一度被尊为皇帝，成为"文宣帝"；北宋仁宗提"侯"为"公"，封孔子后代为衍圣公，为寄圣裔繁衍、世袭不断之意，从此"衍圣公"爵位一代接一代地一直延续八九百年，直至清末七十八代衍圣公孔令贻，"衍圣公"爵位历经四个朝代，传承三十一代。元代元成宗改封孔子本人为王，称为"大成至圣文宣王"；清代最终将孔子定为"大成至圣先师"。在明清两代，只有孔子后人衍圣公可以在皇宫街道上与皇帝并行；皇帝到孔府所在地曲阜后，向衍圣公的祖先孔子行三跪九叩大礼。

孔子家族获得御赐土地的数量，不计其数。仅朱元璋称帝伊始，就赐给孔府祭田两千大顷（合六十万市亩），并配拨耕种祭田的大量佃户。因此，孔府虽然只有几个主人，但却拥有包括管家在内的数百名仆人，这些仆人大多亦为世袭。

长久以来，孔子家族家风良好，为社会奉献了很多人才。家族培养人才的多少，正是家族影响力与地位的判断标准之一。

略举数例：孔伋（子思），孔子之孙、孔鲤之子，为儒家经典"四书五经"其中之一《中庸》的作者；孔融，东汉文学家，孔子第二十代孙，建安七子之一，汉献帝时为北海相，世称孔北海；后代子孙中，孔慎、孔光、孔纬等人在战国时期魏国、西汉、唐朝官至宰相，其余出将入相者众多。在文化艺术领域，为社会奉献了不少经学家、文学家、音乐家、数学家、书法家、名医等人才。

二、孔子家族的家族传承方法是诗礼传家，也是耕读传家

按通行说法，这个家族采用的是诗礼传家，但同时也是耕读传家。

1. 道德传家、耕读传家与诗礼传家三者之间的逻辑关系，可以归纳出孔子家族的诗礼传家是耕读传家其中一种的结论。

在文化内核与传家方法的文化设计上，耕读传家与诗礼传家都指向道德传家，这两者的终极目标都是道德，因道德而家族得以很好地传承。因此，耕读传家、诗礼传家都是道德传家的具体化与实施路径。当诗礼传家或称诗书传家、耕读传家与道德传家得到了辩证统一之后，传家十代以上的目标就有机会实现。孔子家族正是最有力的实践者和证明者。

2. 孔子家族的诗礼传家家族传承方法，是孔氏后人与研究者根据孔子对儿子的庭训及其后演变归纳得出的总结性论断，并非孔子原话，相反地，孔子年轻时曾经过着一段时间的耕读生活，

他曾在鲁国贵族季氏府里充当打杂的小官吏，先是为季氏管理仓库，后来又为他操持打草、喂养牲口等畜牧方面的事情。这段生活经历必然会影响着他的思想，甚至有力地促成了他关于诗礼传家的期望。诗礼传家作为词语的出现，最早见于元朝柯丹丘《荆钗记·会讲》："诗礼传家忝儒裔，先君不幸早倾逝。"源头就在《论语》之中孔子对儿子孔鲤的庭训，二者相距一千八百年左右。

孔子教子庭训散见于《论语》，据《论语》记载，有一天孔子独立庭院中静默沉思，其子孔鲤快步从他身边走过，孔子突然叫住孔鲤问："学《诗》乎？"孔鲤回答："未也。"孔子教导他："不学《诗》，无以言。"孔鲤退而学《诗》。又有一天，孔子又独立庭院中，孔鲤快步过其侧，孔子又叫住他，问："学《礼》乎？"孔鲤对曰："未也。"孔子教育他："不学《礼》，无以立。"孔鲤退而学《礼》。孔子对孔氏后人的要求，简单地说，就是既要有文化，又要守规矩。从人的内在和外在两个方面来说，就是内在守规矩，外在讲礼仪。守规矩是对人的内在要求，讲礼仪是对人的外在要求。

从春秋时代孔子"诗礼庭训"，到明代孔尚贤制定《孔氏祖训箴规》，再到清代中叶，第七十二代孙孔宪珍制订出"六十四字家训"，孔氏家族目前在世的两百多万人，无不严格遵守，六十四字家训里面有这样的明确规定"黎明即起，洒扫庭除；居身简朴，辛勤劳杵；一丝一缕，恒念力扬；忠厚传家，苦读诗书"。

从中抽出关键词进行组合，会出现"辛勤劳杵、苦读诗书、忠厚传家"。劳杵，是劳动、劳作之意；苦读诗书是刻苦读书之意；

然后以忠诚厚道传承家族，这样的解读并非六十四字家训之全部，但含着的就有这样的训导。

此前，我们知道，两千多年来，凡批判儒家，必说"儒学歧视体力劳动、尊崇脑力劳动"，有所谓"劳心治人，劳力治于人"的说法，这是歧视劳动人民。根据是《论语·子路·第十三》：樊迟请学稼。子曰："吾不如老农。"请学为圃。曰："吾不如老圃。"樊迟出。子曰："小人哉，樊须也！上好礼，则民莫敢不敬，上好义，则民莫敢不服；上好信，则民莫敢不用情。夫如是，则四方之民襁负其子而至矣，焉用稼？"

画家刘付忠富为本书创作的配图

我研究文化学多年，从文化史上多种文化类型兴与衰、吸收或被吸收、种种文化现象的内在异同、各种文化冲突之后的演变中，发现文化学应该存在这么一种原理：文化无高低之分，但文化是有位阶的，这就是我多年前提出的"文化位阶论"。体现在：一、文化覆盖的范围内，文化设计者会按重要性将其编排位置顺序，一旦获得文化使用者高度趋同性的认可，则形成位置阶梯秩序，持续发挥着位阶的影响力且不易改变，如中国持续至少两千多年的"士农工商"位阶，"士"为最高，"农"次之，"工"再次之，"商"为最低，这深深造成了中国人的官本位思想与读书至上价值观，直至近年，人们内心追求变化，最末之"商"一跃成为最高。二、两种不同的文化类型一旦近距离接触，价值高、对比后更符合族群中多数人内在需求的文化类型将在一定时间内吸收另一种文化类型，或者将其驱逐甚至可以使之逐渐消亡。如史上著名的赵武灵王"胡服骑射"；如清取明代之，实行汉化，至20世纪初期，满族作为一个民族，从风俗习惯、穿衣打扮、语言运用等方方面面已与汉族有许多相似之处；如当下少数民族青少年中的一部分，在深入接触汉文化、欧美文化之后亦有以上种种变化。以往，我们会用民族大融合或者"中国文化具有强大包容性"来解释这一文化现象。当然，这些都对，都是好的方面，文化本来就不是一成不变的，文化一直在变化中前进，包括传统文化在内。当下无数人特别是青少年，一提及传统文化，下意识认为古老的、很多年以前存在的才是传统文化，却没意识到，现在所认为的传统在发生当时却是新潮，这种文化上的误区不仅存在于青少年当中。

　　在这里，我想说的是，用"大融合""包容性""中国文化优越性"来解释，有时显得无力，而且无法解决欧美文化同样存在的"包容性"问题，也许"文化位阶论"是一把很好的钥匙，尽管在当下未必会得到广泛的认同。

"农"文化位阶仅次于"士"的确立，除了农耕文明时期人类对于第一产业的高度依赖之外，与以儒家思想与行动为重要内容的耕读文化有关。

作为儒家文化开创者的孔子，对于"请学稼"的回答"不如老农"，对于"请学为圃"的回答"不如老圃"，不仅不是不尊重，而是相反，既是谦虚也是事实。儒家的文化设计里面，已包含着明显的"社会需要分工"的规划，孟子的"劳心治人，劳力治于人"正是这种设计与倡导的延续。认为孔孟歧视农民的人，还有一个重大误解，以为"小人"是骂人的话语，其实在当时的儒家语境里，"小人"是"君子之德风，小人之德草"中的"小人"，是普通民众之意，只是为了区分社会地位与道德均高于多数人的"君子"而使用，描述的是君子的表率作用，绝不是后世所指的道德败坏之人。孔子曾说"三人行必有我师"，也曾整理过"他山之石，可以攻玉"（《诗经·小雅·鹤鸣》）的诗句。

因此，深入孔子的思想，我们应该不难发觉，孔子并无歧视"农业""农民""劳动人民"的意思。孔氏后人提出的"辛勤劳杵、苦读诗书"，不仅没歪曲其老祖宗的本意，相反是很好地继承。

3. 孔子家族的诗礼传家就是耕读传家，是耕读传家在实践中的一种表现形式。

孔子家族两千多年来拥有众多耕地，后代子孙中富贵者雇人耕种，个别的偶尔参与组织指挥耕种，非富贵者主要是自耕自种，而且都遵从祖训与家族传统在此基础上读书学礼，因此，诗礼传

家与耕读传家在孔子家族形成重要内容上的交集，二者具有高度趋同性。当然，这里需要提请注意的是，并非所有后世的诗礼传家或诗书传家都属于耕读传家。

4. 从孔子家族三大支派之南宗的耕读传家传统里面，可以得出在漫长的家族发展史中，耕读传家逐渐成了最主要的家训内核与表现形式的结论。

据杭州师范大学学者朱啸宇在《（金华）孔氏南宗文化内涵探析》中的研究成果显示，"孔氏裔孙秉承孔子儒学思想，尊师重教，耕读传家。他们继承发扬传统儒家文化中的敦厚、勤劳、善良、清廉、坚韧的优良品质，在勤耕不辍的同时，也不忘苦读诗书。""婺州（金华）南宗孔氏躬行耕读传家的传统，培育了无数涵养深厚的士人。我国历史上的世家大族，往往是中国传统农业社会中耕读传统的实践者和倡导者，婺州（金华）南宗尊师重教耕读传家的传统不仅是对儒家文化的传承，更是对自身家族文化的发展。"

5. 从孔子最重要弟子之一的颜回后人的"耕读传家"传统与行为表现考察，可以合理推断出颜回及其后人耕读传家家训的文化源头来自孔子，因为在孔子开创的儒家文化传统里，弟子需要严格遵守师尊教诲，后人需要听从祖先训导，这是儒家孝道的重要部分。依此逻辑推理，这两个家族的耕读传家传统必然是一种互相影响、相互成就的关系，并非独立存在。

颜氏家族中，颜廷耀是孔子得意门生颜回的第六十七代孙，于1695年出生在广东省惠州府海丰县。1733年，因"湖广填四川"入川定居开创了颜氏在四川的一个支脉。根据现在媒体对颜廷耀后人的采访，其后人确认颜廷耀的家训就是"耕读传家"，在入川后的近三百年间，颜氏家族也是人才辈出。

第二节　持久兴盛型——以耕读传家为家训

一、以帝王人家为主要特征的家族

明思宗崇祯十七年三月十九，公元1644年4月25日，李自成大顺军陷城。中午，崇祯皇帝在煤山自缢前与十六岁的长平公主有一场对话，公主"牵帝衣哭"，哀求不要杀她。皇帝仰天长叹："你为什么要生在我家！""以剑挥斫之，断左臂；又斫昭仁公主于昭仁殿。"三百年之后，清末代皇帝溥仪到煤山的那棵树下时，对陪同的人说，"崇祯这是要自己的子女生生世世不再投胎到帝王家啊。"历史上发下重誓"愿生生世世再不生帝王家"的帝王家族成员还有很多，如南朝宋孝武帝刘骏之子刘子鸾、南朝顺帝刘准、隋炀帝杨广之孙杨侗等。

"有人辞官归故里，有人星夜赶科场"（吴敬梓《儒林外史》），古往今来，数不清的人拥有正好相反的愿望，有人"恨不生在帝王家"，生在帝王家的人却由于血缘的关系，想辞而不可得。皇室成员们发誓时内心的极度凄苦与对命运的不可选择的无奈，并非人人可以体会。

其实，帝王家未必都是这么可怕。除了战国、三国两晋南北朝、五代十国以及王朝更替等兵荒马乱时期，大部分皇室成员还是很悠游自在的，大部分家国天下的王朝延续时间在两三百年之间，作为一个家族来说，辉煌两三百年已很不容易，因此，将这些家族作为研究对象，归为某个类型进行家族传承考察，知其兴衰，应是一件很有意义的事情。

（一）姬氏家族

中国历史上所有朝代当中，存续时间最长的是始于武王姬发、终于赧王姬延的周朝，享国七百九十一年。公元前1046年到公元前256年的漫长时间里，传三十代三十七位国王，除了特殊而超然的孔子家族之外，以辉煌绵延时间排座次，姬氏家族为史上第二，纵是世界范围内也甚为稀有。

周武王建立西周后，开创了一系列史无前例的伟大措施，其核心思想为"尚德"，从此，从陕西出发的姬周成为中华文明的奠基者——治理组织中的分封制，社会组织中的宗法制，经济组织中的井田制，文化思想中的礼乐制，影响中国长达三千多年。文化学者们普遍认为这是中国第一个贤良的王朝。它的长久之计也许并不神秘，价值观、思想体系及周平王于公元前770年在郑、秦、晋等诸侯护卫下将国都东迁至洛邑之前良好的执行，都是关键要素。

有一点人们难免会忽略，那就是姬氏的耕读传家。

周文王开耤田，亲自耕种、放牧，种出的粮食、畜养的牛羊先用于祭天与祭祖。被后世尊称为周公的姬旦在家训中一再告诫侄子成王，说"文王卑服，即康功田功"，指文王身穿朴素衣服，亲自舂粮耕地。周公的兄长周武王每年举行盛大的亲耕仪式，带领满朝文武百官耕田劳作，以此拉开农耕天下的序幕。《逸周书》记载，灭除商纣王后，周武王召集殷贵族，对他们说，"在昔后稷，惟上帝之言，克播百穀"。周人之德，首先在于"惟上帝之言，克播百穀"。甲骨文和金文的"德"字，人们解释为眼睛看正道，得之正直，获之坦荡。"德"的甲骨文和金文字形，是人耕种，种子发芽。因此，敬畏上苍，用心耕种，是周人理解的"德"之本义。所以，周公强调，"皇天无亲，惟德是辅"，告诫成王时，还说要"知稼穑之艰难"。武王的价值观与训诫高度一致。"贵为天子，富有四海，而必私置耤田""闻之子孙躬知稼穑之艰难无逸也"（《周礼》）。《礼记·祭义》记载姬氏历代长辈需要子孙们体会到农耕艰难的亲耕土地面积具体为："昔者天子为耤千亩"，有一种说法，此千亩相当于现在的三百亩。即使这样，帝王们亲自耕种的面积仍是非常可观，以致必然会有许多人提出"这些身娇肉贵的帝王们靠着落后的牛、犁等简单的工具真的能种得完吗？"《汉书》记载《礼记》成书于汉建初七年，这一年是公元80年，距周室东迁的公元前770年八百多年，距牧野之战开国的公元前1046年则已是漫长的一千一百多年，此时《礼记》记载的是一千年以来的事情，且此前此后没有其他互为矛盾的记载，何况那时先人的生活简单、社会关系不杂、事务不多，加上经济结构除了不多的手工业外基本是单一至纯的农业形态，同属第一产业农业的农、林、牧、渔当中，帝王们选择其中最不辛苦且能兼顾治理的一类亲自示范与执行，综合而论，应为可信。

在时间跨度达数百年的时间里，姬氏就这样一代传一代，"求懿德"的德治之外，创设了一整套礼法，出生于公元前551年的孔子，作为诸侯宋国王室后裔，尽管到父辈已是没落贵族，但那时能像他这样有机会读书识礼的人，一般是有一定身份地位的。在此前六百年中，由于周初分封同姓异姓诸侯国多达七十一个，各自子孙繁衍。后世享国近三百年的明朝，至亡国，开国之君朱元璋一脉的子孙数量极为可观，保守估计达六十万人，忽略朱氏鼓励生育等因素再进行参照，尽管有研究数据显示西周的人口整体数量仅是明代的六分之一左右，以此参照，在可以接受的误差范围内，与孔子一样作为周初诸侯之后的人数粗略估算十万并不为过，这尚未加上非诸侯后裔的其他士大夫阶层人员。

按以上算法，超过十万数量的知书识礼之人散布于周王朝相对于元明清要小得多的各个区域，在文化较为发达的齐鲁之地必然会有不少这样的知书识礼之人。因此，孔子自小能有机会接触到文字，能知书识礼，耳濡目染，能读到竹简等载体上的礼仪记录，能受到现实生活当中"礼崩乐坏"后仍有余威的周礼熏陶，且终身受益于此，也就不奇怪了，以致孔子一生维护并致力于恢复以姬氏家族为主创设的礼乐文化和礼乐制度，收集整理并传播西周以来的文化。

周公对孔子影响至深，孔子心目中，周公是一位其他先贤不能与之比肩的伟人，是他终身效法的榜样。

姬氏及姬氏分封的诸侯、士人等，在有周一代，大多都是直接或间接地以半耕半读的方式进行家族传承，包括孔子在内。年少时的孔子，由于是没落贵族，按当时当地的正常情形，为了生活，不可能不参与到农林牧渔其中一项或数项劳作中来，只是后来在《论语》记录中显示出他有着侧重点在于读不在于耕的模糊的专业化分工意识，从而被后世多数中国人误解。

这时期的耕读传家，还不能称为真正的耕读传家，因为有其实而无其名，远未出现直接点题的耕读传家家训。而就是这样，得益于耕读传家、起初只抱着"闻之子孙躬知稼穑之艰难无逸也"朴素愿望的姬氏家族，在其他条件共同作用下，持久兴盛了八百年。

（二）爱新觉罗家族

1. 耕读的现实与认知基础

清朝由爱新觉罗·努尔哈赤于公元1616年在现属辽宁抚顺的赫图阿拉建国称汗建立后金开始，二十年后继汗位的第八子皇太极改国号"金"为"大清"，又八年，代明，广有四海，直至1912年。

这个中国历史上最后一个大一统封建王朝，享国二百七十六年，努尔哈赤以下，共传十一帝，从家族传承角度，为十一代。

先辈功业，"君子之泽"，不过"五世而斩"。对于斩，处在王朝更替、帝族变换路口的当事人，能以一着奇袭北京的太极推手将书生气十足的袁崇焕送上不归路的皇太极，以及间接制造"扬州十日""嘉定三屠""张献忠屠川"的多尔衮，兄弟两人自然深有体会，无论是断人个体生命，还是断人家族生命。

按已有证据如《明史》《研堂见闻杂录》等，似乎都能指向屠川的责任应该由张献忠承担，然而，有一个非常重要的细节，"1665年，下川东战事结束，至此全蜀才归于清王朝统治。"（陈世松：《四川简史》，四川省社会科学院出版社，1986）从攻入四川的1646年到1665年，用了二十年，才底定大局，可以推知湖广填四川之前四川人的抵抗精神之强。四川是张献忠安身立命之地，从其本身利益来讲，会过早地屠川以致自断兵源、粮源？如果屠川以致"弥望千里，绝无人烟""十室九空"，那么1647年张献忠身死至1665年之间，令清军久攻不下、反复入川的又是什么人？填川的第一批湖广人可是在三十年后的康熙三十三年（1694）《招民填川诏》发布之后才从老家出发的。同时，我们已经知道，兵荒马乱之时为了"留头""留发"问题能用拳头说

话的实际决策者与执行者兼于一身的多尔衮及其家族能在三日之
内解决问题的，绝对不会拖到第四天，何况二十年？何况《明史》
从康熙十八年（1679）开始纂修至乾隆四年（1739）历经六十年，
相对于《汉书》二十年、《史记》十三年、《宋史》两年半、其
他二十四史作品平均在两三年间成书来讲，其原因并非精益求精
可以解释，耐人寻味。史家中之严谨者，也不得不承认，《明史》
"有一些曲笔隐讳之处"。《明史》之后，乾隆下旨修《四库全
书》，该书对中国文化典籍起了一定的保护作用，但有学者认为，
文人们在编纂过程中难免会有某些选择性过滤的情形。那么，以
上种种隐藏着康熙、乾隆祖孙二人哪些顾虑与思考？

　　明朝的灭亡，固然有吏治、士阉内耗、勤王不力、临危不当
等原因，凑巧的是，后来的自然科学研究表明，此时的明朝刚好
遇上自1600年开始在全球漫延持续多年的小冰河期，发生了农作
物歉收、瘟疫流行的天灾，以这样的财力与各种显患与隐患，却
还要为皇室数十万王子王孙们提供奢侈的生活资料，崇祯这个朱
氏家族的族长不好当。再往前，游牧民族大元帝国硬是被驱逐成
北元，此后，中原、江南等原取自赵宋的版图与其无关，只如一
阵刮了九十八年的旋风，没能在这片土地上扎根。

　　前朝兴替的教训，同样也是入关伊始已以长远眼光布局未来、
局势渐平后致力于有限度本土化的爱新觉罗家族的族长们时时需
要思考的事情。

　　我们很容易根据惯性思维，将来自北方的民族都称为游牧民
族。女真人长年生活在今天东北东部地区的白山黑水之中，居于
山林溪泉之间，原先是以渔猎为主，兼有游牧因素的民族，由于
受自然环境和社会环境的影响，明朝前中期女真社会经济以农业、

渔猎、畜牧、采集等为主，与以耕读传家为视野里构成"耕"的农、林、牧、渔四要素高度重合。

到了明朝后期，日后构成满族核心的建州女真部，其实农耕经济的发展也是促使其崛起的重大因素。农业生产相对于牧业生产，能够在相同的面积内养活更多的人口。农业对于女真社会具有强烈吸引力。努尔哈赤曾致书喀尔喀蒙古称："尔蒙古以饲养牲畜食肉着皮维生，我国乃耕田食谷而生也"，这种说法不能说明女真完全变成了农耕民族，但能体现出农业粮食问题在努尔哈赤心中的分量（衣保中：《清入关前满族农业形态研究》，《陕西学前师范学院学报》，2016年第6期）。皇太极对农业和粮食问题的重视程度则有过之而无不及。天聪七年（1633），皇太极专门向八旗官员发布劝农"告谕"，这是自努尔哈赤开国以来首次颁布劝农"告谕"，此举标志着满洲由原始的渔猎采集开始向定居农耕的转变。女真时期的农业，对明朝和朝鲜具有较强的依赖性，大量耕牛、铁制农具被引进，促进了犁耕时代的到来，从客观角度来说，农业工具的改进，从一定程度上改变了社会生活习惯，并在改变累积到一定程度时产生质的变化。因此，如果我们认为清兵入关之后，才突然改变生活习惯，突然学习汉地文化，不符合历史事实。

至此，爱新觉罗氏"耕"的构成要素、氛围基础已初步具备。

2. 耕读传家的中断与耕读文化里康熙的错过

"耕以立其基，读以要其成。"如前所述，农耕基础较好且数十年前已习惯于吸收先进文化、入关后致力于有限度本土化的爱新觉罗族人，除了硬性要求剃头留辫子之外，吸取元朝马上治天下的教训，审时度势做了很多相应变化。因此，作为入关之后出生的第一位皇帝，康熙的"读"，与历史上大多数王朝的皇太子的"读"并无不同：才能之外，更重道德培育。

史家评论康熙，一向热情洋溢，秦始皇、汉武帝、唐太宗以及这位清圣祖，经常被称为千古一帝。然而，苦难的中华民族，却是在这位开创持续时间长达一百三十四年的康乾盛世的帝王身上，又一次错过了重要的历史发展机遇，这次机遇的错失，直接导致此后近三百年的落后、屈辱。后世将1840年第一次鸦片战争之后直到民国的事情归咎于道光、慈禧等人头上，并非完全正确。往上追溯，清代落后于人，并非始于中叶，而是隐藏于无比光鲜亮丽的康乾盛世之下，肇始于睁开了眼睛看世界却又紧闭了眼帘的康熙大帝。寻根溯源，明成祖虽有指派郑和下西洋的壮举，却旋即实施了主线为闭关锁国的政策，在中国的文化形态、国人意识上影响深远。郑和首航，比哥伦布发现美洲大陆早八十七年，然而，在世界范围内，"郑和之后再无郑和，哥伦布之后全是哥伦布"，此后的世界格局全部因此而改变。

假设的历史不是历史，但是并不妨碍我们进行另一方向的展望。同样是由于文化上深层次的原因，公元1670年前后，处于价值观、世界观、人生观形成最重要时期的十六岁的康熙皇帝，如果不是将其喜爱的自然科学知识仅仅当作兴趣爱好，如果不是担心民众进行更多的科学探索，而是大胆突破自己的历史局限，与同时代的俄国的彼得大帝一样，在喜爱科学、愿意接受新生事物的时候，哪怕是适当地开设学院、兴办工厂、鼓励民众学习、鼓励对外贸易交流，这三百年来的中国一定会是另外一番景象！

现在我们不妨来看看虚心执学生之礼时的康熙。

担任过这位皇帝老师的欧洲传教士多达十一人；指令洋人担任大清国相当于现今国家天文台台长的钦天监；学习的科目遍及天文、历法、数学、地理、哲学、光学、音乐、解剖学；要求洋老师为自己讲解天文仪器、数学仪器的用法和几何学、静力学、天文学中最新奇最简要的内容；勤奋学习理论知识之余，亲自动手操作、利用天文仪器，在大臣们面前进行各种测量学和天文学方面的观测；认真学习几何，认真听讲，反复做习题，亲自动手绘图，遇到不懂的地方虚心向洋老师请教；我们现在数学中用到的元、次、根等术语名称，为这位皇帝翻译过来，一直沿用至今。21世纪无心求学的学生看到这里，不妨低一下头，惭愧一下。

晚年的康熙，主持编撰《数理精蕴》，内容涵盖当时中国数学的各个领域和西方传入中国的某些数学内容，相当于一部数学百科全书。其主持制造了许多数学工具，这些数学工具的制作十分精美，所用质料有金、牙、木，还有大量黄铜。这位皇帝的许多数学方面的成就至今还收藏在北京故宫博物院。

沿着"康熙错过了什么"的思路，让我们再往前，回到宋代，这个近年被不少东西方学者称为人类历史上最好的时代，这时代的最好，不仅是人文的，也是自然科学的，这将再一次颠覆我们的认识。宋代是中国古代科学技术发展的高峰期。指南针、印刷术和火药是闻名于世的三大发明，到宋代又有了划时代的发展。天文、数学、医药、农艺、建筑等各个领域的成就，不仅超越前代，而且在当时的世界上处于领先地位，一个叫沈括的人，是其中最重要的代表人物。日本数学史家三上义夫认为，（古代）日本的数学家没有一个比得上沈括，"这样的人物，在全世界数学史上找不到，唯有中国出了这样一个。"《宋史·沈括传》这样评价：

"博学善文，于天文、方志、律历、音乐、医药、卜算无所不通，皆有所论著。"英国史学家李约瑟评价达·芬奇时说"达·芬奇是五百年后的沈括"。

此后，中国一再错过，沈括这样的全才人物，在元、明、清三个朝代再也没有出现，包括这位最具数学家、发明家、科学家潜质的皇帝治下的太平盛世。

顺德碧江金楼

所有中国人都应痛心的是，康熙对科学的价值未能再往前推一步，并未意识到它于社会有着怎样的转变之功。原来，雕虫小技可以变出坚船利炮，传位一百五十多年后，他的后代恭亲王奕䜣等人全力支持李鸿章展开本质上为自救的洋务运动。然而，事过境迁，爱新觉罗家族以帝王身份在他的身后又传了八代之后，戛然而止。

　　直到21世纪，中国重新崛起，经济、科技等诸多方面令世界震惊，文化所需要的土壤在慢慢疏松透气，文化在慢慢复兴。

　　中国明清时期，万里之外，西方正通过文化复兴走出中世纪黑暗。此时，比地理空间相隔更远的，是西方以钢铁洪流不断强盛，而中国止步不前。这种情形，我认为并非以农耕文明与海洋文明的区别就可以说明问题。

　　我们的农耕时期也有很多发明，墨翟即后世所敬仰的墨子，在春秋末期就有了伟大的发明，"斫木为鹞，三年而成，飞一日而败"，这段文字讲的就是墨子花了三年的时间用木板制成一只木鸟，但飞了一天木鸟就坏了。墨子制作的这个"鹞"就是我们现在所熟知的风筝，是中国最早也是世界上最早的飞行器；元黄头，北魏皇族，是世界上最早的载人航空器飞行员；明朝官员陶成道，是最早的载人火箭设计者及飞行员。

　　因此，西方正享受金属机械原理带来的惊喜时，我们这片土地上的先民们，仍在以铁器等金属修理着地球。对比上述墨子、沈括等人的作为，我们知道，这不是止步不前，而是退步。这个结论难免会让我们感到沮丧。一幅清明上河图已让我们看到了某种经济形态的萌芽，比现在的历史教科书上的萌芽于明中叶的说法至少提前500年，"士农工商"的文化位阶尽管让我们出现了超稳定结构，但其中蕴含着的"工"被视为奇技淫巧，一切的发明创造被视为过于奇巧而无益的技艺与制品。这样的价值导向必然导致当时已经发达的经济形态无法将资金汇集流入科技领域。

欧洲比如彼得大帝时的沙俄也不是海洋文明，北、西欧几个必须对外扩张才能寻求生存空间的小国呈现的海洋文明特性，在1689年前后的俄国并不明显。当时沙俄是一个落后的、盛行农奴制的国家。如此一来，应该是我们的文化系统的问题，或者，是历史没给我们更多的时间。我的结论倾向于后者。

时间是一条纵轴线，北宋仁宗以来推行的重农抑商方略，使耕读传家获得长足发展，促进了两宋鼎盛，画家张择端为讨得徽宗欢心与完成任务创作的这部传世名作，是当时京城富庶、手工业与小商业高度发达的写实，至今没有相反的证据证明该画作有浮夸之处。随着时代的发展，聚集起来的资金必然要寻找出路，"士农工商"的文化位阶也会因应变化，然后带来思维模式的变化，人们将会拥有更多的创造性思维，沈括的出现就是例证。两宋合起来三百一十九年，被称为"五百年后的沈括"的达·芬奇们引领的欧洲文化复兴，历经三百多年，其后二百多年成果频现，重合的是前面三百年。因此，我说这数百年来的糟糕，不是我们文化系统的问题，更加不是我们的耕读传家出了多大差错，至少不纯粹如此。

马上得天下的元朝来了，然后是马上治天下。这样的朝代，与耕读传家没有太多的缘分，因为耕与读都必须要离开马背，与土地亲密接触。原宋子民被划分为南人，以示区别。南人们的铁器在九十多年的时间里被普遍收缴，生产力低下，社会形态较为单一。九十多年，按二十年一代人计算，已历经四代，之后才由明朝接续。由于多种原因，尤其是《四库全书》的选择性过滤，只有元曲的存在还能令我们对这朝代有一点模糊印象。这四代人的生活状态，我们已无法全面地了解，按日常生活经验推断，与宋时应该是两重天。明代元后，一直无法重回两宋巅峰，尽管我们原先的认知是两宋是多么的软弱无能，尽管明朝中叶以前仍有几项重要指标超越西方诸国。

元全明的这九十多年，对我们中国历史进程的影响及中国人品格的形成起着无法估量的作用。不少学者认为中国近几百年来的落后主要责任在于朱元璋，我则认为，元世祖忽必烈的影响更大。

以上，我称为农耕文明里的沈括之殇与耕读文化里康熙的错过。

近年来，越发地赞同一个论点，中国的帝王家族成员们除了武则天、梁武帝、隋文帝、顺治等特殊情况外，确实是主要用道家文化指引着自己，我试着称之为"外儒内法中道家"。同样开创盛世，汉景帝读懂且审时度势灵活运用了《道德经》，变"三宝"之"不敢为天下先"为"为天下先"，同样是用耕读传承家族，作为汉朝第五位皇帝，又往下传了二十代，使汉室在中断十七年的情况下总共享国四百零九年。尽管元、明出现了与两宋不一样的文化流变，康熙若能再往前一步自我突破，结合其特长"为天下先"，那么，子孙后代于19世纪中后期不必发动洋务运动自救而仍事与愿违，爱新觉罗家族也许不止产生十二帝、传承十一代。

3."一亩三分地"的传家

"帝王亲耕""帝后亲蚕"贯穿整部中国帝王史。上溯可及原始部落时期的三皇五帝，晋代文史学家、医学家皇甫谧在《帝王世纪》中记载，伏羲已是"重农桑，务耕田"，各部落首领每年都要陪同"御驾亲耕"。跟着是关于神农氏，"先农即神农炎帝也。祠以太牢，百官皆从。皇帝亲执耒耜而耕。天子三推，三公五，孤卿七，大夫十二，士庶人终亩。乃致耤田仓，置令丞，以给祭天地宗庙，以为粢盛（《汉官仪》）。"周、汉继此传统。

之后，三国魏晋，断断续续地也有不少关于耕耤田的记载。汉武帝甚至认为耕耤田代表了一系列的美德，"今朕亲耕耤田以为农先，劝孝弟，崇有德，使者冠盖相望，问勤劳，恤孤独，尽思极神，功烈休德未始云获也（《汉书·董仲舒传》）。"汉顺帝刘保时期，曾中断"耕耤田"，大臣黄琼为此上书劝谏，认为耤礼是"国之大典"，耕耤田属于历代祖先的常规操作，不应该搁置这么久都不举行。

汉末是个礼乐崩坏的时期，耕耤田倒是得以恢复。曹操在建安十九年（214）始耕耤田，这会儿曹操还是魏公，却行天子之礼，属于僭越之举，二十一年（216）曹操又亲耕耤田，同年进位魏王。据《晋书·礼志》，魏氏三祖曹操、曹丕、曹叡均有过耕耤田的事迹，曹叡是在太和元年（227）、太和五年（231），曹丕则没有确切记载。

西晋时，有着中国古代十大美男子之首赞誉的西晋文学家潘安，通过《藉田赋》表达了对帝王亲耕的理解，"伊晋之四年正月丁未，皇帝亲率群后藉于千亩之甸，礼也。""故躬稼以供粢盛，所以致孝也！劝稿以足百姓，所以固本也。能本而孝，盛德大业至矣哉！"他认为，耕耤田不仅关乎盛德大业，还是孝道的重要体现。

此后一千多年，皇帝亲耕、帝后亲蚕的传统一直被历朝帝王所遵循，国祚不长的元朝也不例外。元帝亲耕的场所位于现今北京景山公园北侧，《析津志》记载："厚载门松林之东北，柳巷御道之南有熟地八顷，内有田，上自小殿三所，每岁，上亲率近侍躬耕半箭许……"

到了清朝的康熙，这位喜欢读书的皇帝有志于修炼成有道明君，且将德行发扬光大，德泽天下。公元1724年，雍正即位次年，推出以康熙九年（1670）所颁十六条上谕为主体组成的《圣谕广训》，强制要求在各地推行宣讲，并定为科举考试内容，以期训谕世人守法和应有的德行、道理。其中尤其重视农桑与家训，"惟是历代以来，如家训、世范之类，率儒者私教於一家"（《圣谕广训》·一卷）。乾隆皇帝沿袭了祖父的思路："帝王之政，莫要于爱民，而爱民之道，莫要于重农桑，此千古不易之常经也。"

康雍乾祖孙三代的家训就首先体现在"一亩三分地"上。

"一亩三分地"落在先农坛，如今原地还有两处遗址，一处是先农神坛，一处是观耕台。明太祖朱元璋登皇位第二年，于南京建先农坛并行耕耤礼，明成祖朱棣迁都北京后将亲耕地点改在北京的先农坛，永乐十八年，确定了耤田面积为"一亩三分地"，每年仲春亥日，皇帝亲领文武百官在此行耤田。亲耕面积之所以设定为"一亩三分"，是取其象征之义，在中国古代，一三五七九被视为阳数，一和三为阳数中最小的两个数，皇帝是天子身份，既要亲耕又不能太劳累，所以定个最小土地面积作为耤田。据考证，北京先农坛的"一亩三分地"长十一丈，宽四丈，分为十二畦。中间为皇帝亲耕之位，三公九卿从耕，位于两侧。

爱新觉罗氏的"一亩三分"地，在雍正朝曾改为一亩地，后嘉庆又予以恢复。

圆明园始建于1709年（康熙四十八年），原是康熙赐给尚未即位的雍正的园林，雍正即位后，常住圆明园，而圆明园地处京城西北部，与先农坛相距数十里，雍正皇帝觉得到先农坛进行耕耤礼路途太远，于是在圆明园大宫门外东南侧开设"耤园"，面积一亩，俗称"一亩园"，将亲耕之所移至此地。嘉庆年间，一亩园耕耤礼逐渐废弃，每年春天的耕耤礼仍在先农坛举行。光绪年间慈禧"垂帘听政"，其御前掌印太监刘诚印在一亩园旧址修了宅院及娘娘庙。庙有山门、二门、前殿、后殿及东西配殿。前殿供关圣帝君，后殿供九天娘娘。庙西建宅院一处，为多进式四合院。院房后有菜园，为昔日一亩园亲耕之处。

皇帝耕田可不是像普通农民一样，而是执行严格的制度。明制是皇帝右手扶犁、左手执鞭，往返犁地四趟；清制改为往返犁地三趟，然后，从西阶登观耕台，观耕终了，由东阶退下。耕耤礼仪式复杂，以清代为例，耕耤礼通常在农历二月或三月的吉日举行。

具体如下：

提前一个月相关机构就开始准备，确定从祀从耕人员，并请皇帝先到西苑丰泽园去演耕。耕耤前一天，皇帝要到紫禁城中和殿阅视谷种和农具，而后，这些谷种和农具就会盛放于龙亭中抬至先农坛，放到规定的地方。耕耤当天早晨，皇帝身穿祭服，乘坐龙辇，在法驾卤簿的导引下，与陪祭文武官员同到先农坛，祭拜过先农神，更换服装后，就到耤田上行躬耕礼。一时鼓乐齐鸣，禾词歌起，两名耆老牵黄牛，两个农夫扶着犁，皇帝左手执耒，右手执鞭，行三推三返之礼。之后，皇帝登观耕台，从耕的三公九卿依次接受耒、鞭，行五推五返和九推九返礼，最后由顺天府尹与大兴、宛平县令率农夫完成耤田的全部耕作，种下稻、黍、谷、麦、豆等五谷杂粮。这些庄稼的收成，要在将来重要的祭祀仪式上使用。当礼部尚书奏报"耕耤礼成"时，乐队奏导迎乐《祐平章》，皇帝方可起驾离开先农坛。

为了配合帝王的家训与"为天下先"示范作用，传统上，帝后们每年必须采桑。

《礼记·月令》记载，每到三月（季春之月）皇后就要率领嫔妃命妇带着农具亲自去桑田采叶喂蚕。这就是亲蚕礼。这种仪式在我国历代沿传，到明清时期，相关规制更为完善。清代的先蚕坛位于北海公园内。根据清乾隆朝的规定，行亲蚕礼要先祭祀先蚕神。祭先蚕于农历三月份择吉举行，皇后和陪祀人员提前两天就进行斋戒，届时穿朝服到先蚕坛，祭先蚕神西

画家刘付忠富为本书创作的配图

陵氏，行六肃、三跪、三拜之礼。如果当时蚕已出生，次日就行躬桑礼，如蚕未出生，则等蚕生数日后再举行。躬桑前，要确定从蚕采桑的人选，整治桑田，准备钩筐。皇后要用金钩，妃嫔银钩，均用黄筐；其他人则用铁钩朱筐。躬桑当天，皇后右手持钩、左手持筐，率先采桑叶，其他人接着采，采时还要唱采桑歌。蚕妇将采下的桑叶切碎了喂给蚕吃。蚕结茧以后，由蚕妇选出好的献给皇后，皇后再献给皇帝、皇太后。之后再择一个吉日，皇后与从桑人员到织室亲自缫丝若干，染成朱绿玄黄等颜色，以供绣制祭服使用。可见，亲蚕礼持续了从养蚕到织成布料的全过程。

为了家训与德治天下的理想，耕好"一亩三分"地之外，康熙皇帝及其子、孙还为后世留下关于"读"方面的遗产。

公元1689年，康熙南巡时，江南士子进献藏书甚丰，其中有"宋公重加考订，诸梓以传"的《耕织图》。康熙帝即命焦秉贞据原意另绘耕图、织图各二十三幅，并附有皇帝本人的七言绝句及序文。

其子雍正即位，也在《耕织图》中亲笔题诗。

其孙乾隆更进一步，直接把清漪园一处富有田园风光的景色命名为"耕织图"。乾隆皇帝不仅命人绘制《耕织图》，并且将《耕织图》中的美景用实际山水复原出来，把关系到国计民生的衣食之本，用艺术与现实相结合的手法镶嵌在清漪园绚丽的湖光山色之中。

以"中国历史上最高产的诗人"的诗兴，终其一生居然忍得住不在《耕织图》上题上一两首，不知是中国文学史上的幸运还是不幸？也许乾隆的感悟与西晋文学家潘安耕读可"致孝"的感悟出现了高度一致，明知自己的四万多首也比不上其父、祖的一首，出于孝顺，更不必题诗其上了吧。而这，显然是耕读传家史上的一个遗憾：祖孙三帝王，祖孙三题诗，更添传家一佳话。

而此时，帝王亲耕的家训已横渡日本千年。

学界有一种说法，日本文化属于大中华文化圈。

中国的耕耕礼传到日本之后，日本皇室至今保持了天皇亲耕的传统，日本天皇每年都要在皇宫内的稻田里亲自种植和收割水稻。

由此可见，对于家训，对于在土地上耕种以期读懂土地、体悟人生，没有国界之分。这也是我常说耕读传家并非纯粹是中国之学的原因之一。

（三）钱氏家族

在家训史上，有一个非常值得注意的特殊现象。那就是在最近一百年间，先后出现了一位诺贝尔奖、两位外交家、三位科学家、四位国学大师、五名全国政协副主席、十八位两院院士的钱氏家族。这个堪称近代望族的江南世家是帝王家族的后代。身为帝王家族，三代以后沉寂千年，近百年来突然出现人才井喷现象，横跨各界各领域，除了世人熟知的钱学森、钱三强、钱伟长等自然科学界"钱氏三杰"外，诸如钱其琛、钱俊瑞、钱正英、钱复、钱基博、钱文钟等均系钱门。据统计，当代国内外仅科学院院士以上的钱氏名人就有一百多位，分布于世界五十多个国家，其中奥秘值得所有人挖掘与深思。

据考证他们都是吴越国王钱镠（852—932）的后嗣。历史上著名的纳土归宋事件就发生在钱镠的孙子钱弘俶身上。钱镠在位四十年，战争很少，社会相对稳定，经济繁荣，民众安居乐业。

其后的钱氏三代五王，都在祖上治世的基础上有所突破和变革，成就五代时期最为富有的国度。宋太祖赵匡胤吞并所有藩国，统一中原后，就把目光转到了吴越国上。钱弘俶遵循了祖训，带着全族三千余人赶赴开封，面见宋太祖，俯首称臣。富饶美丽的江南河山，避免了一次血雨腥风的践踏。钱弘俶委曲求全的举措，让赵匡胤轻而易举地实现了统一。钱氏家族也得以保全宗脉，江南百姓更得以免遭战争之苦，北宋时编写的《百家姓》第一句就是"赵钱孙李"，由于赵氏为帝，所以将"赵"姓排在第一位；将"钱"姓排为第二，都是因为钱氏国王为和平统一中国所做的抉择。

钱氏立国，本因时逢乱世，民不聊生。钱镠为保家园创立了吴越国。这位活了八十一岁的国王临终留下遗言：凡中国之君，虽易异姓，宜善事之。要度德量力，而识时务，如遇真君主，宜速归附，圣人云顺天者存。又云民为贵、社稷次之。免动干戈。由此可见，钱弘俶的选择是遵循了祖上遗训，钱镠高瞻远瞩，早就料到了这一天，告诫后人以民为贵，休为一家之社稷而动干戈。

现摘取《钱氏家训》部分内容以供分析："存心不可不宽厚。""能文章则称述多，蓄道德则福报厚。""子孙虽愚，诗书须读。家富提携宗族，置义塾与公田，岁饥赈济亲朋，筹仁浆与义粟。勤俭为本，自必丰亨，忠厚传家，乃能长久。""恤寡矜孤，敬老怀幼。救灾周急，排难解纷。修桥路以利从行，造河船以济众渡。兴启蒙之义塾，设积谷之社仓。私见尽要铲除，公益概行提倡。不见利而起谋，不见才而生嫉。小人固当远，断不可显为仇敌。君子固当亲，亦不可曲为附和。""上能吃苦一点，民沾万点之恩。利在一身勿谋也，利在天下者必谋之；利在一时固谋也，利在万世者更谋之。富有四海，守之以谦。庙堂之上，以养正气为先。海宇之内，以养元气为本。务本节用则国富；进贤使能则国强；兴学育才则国盛；交邻有道则国安。"

钱氏先祖从个人、家庭、社会、国家四个方面对子孙后代做了详细的告诫。中国古代历史发展有一个特点，就是每次新朝建立时，开国之君都重视吸取前朝灭亡的教训，以家训教导子孙励精图治，不要重蹈覆辙。有些帝王的家训是亲自撰写的，如李世民的《帝范》，康熙的《庭训格言》《圣谕十六条》，雍正的《圣谕广训》等。汉朝开国皇帝刘邦总结了自己的诸多经历之后，写出了流传至今仍有重要教育意义的《手敕太子文》，这是刘邦临终前谕告太子刘盈的遗嘱，他还告诉太子要读书练字。一代枭雄曹操虽未称帝，但其家训中呈现出的帝王风范光彩夺目，他以法治家训子，对儿子要求严格，重视实践锻炼，教子任贤用法，著有《诸儿令》《内戒令》《遗令》。自周至清，光是帝王之家的家训就有十余种。

由钱氏家族的辉煌，我们发觉，千年家族传承不是靠财富，而是德行，厚德载物，纵然沉寂于一时，最后终是赢家。

二、以官宦人家为主要特征的家族

（一）章氏家族

"传家两字曰耕与读。"这是中国第一家训著作《章氏家训》的第一句。

复旦大学历史系教授钱文忠2013年在中央电视台《百家讲坛》

提出《章氏家训》可以列入中国著名家训前十名，我认为，从家训著作体例、近一千年以来对中国文化及家训史的影响、家族传承效果综合来看，《章氏家训》应作为中国第一家训，超过大家较为熟知的《颜氏家训》《曾国藩家训》《左宗棠家训》。

这句话的意思是，凡我章氏子孙后代，必须以"耕""读"这两个字作为传家之宝，无论处于怎样的社会地位，无论生活状态如何，都必须从事农、林、牧、渔方面的劳作，并在此基础上好好阅读、学习、创作与研究，请务必遵照执行。

这是中国家训史上第一次以家训著作形式明确了"耕读传家"这一家族传承方法，具有里程碑式意义，《章氏家训》全篇共一百九十六字，包含了治家、修身、处世三个主要方面的内容，可惜的是长期以来为人忽略。

章仔钧共有十五个儿子六十八个孙子，子孙后代当中成就不凡、身兼要职的不在少数，因任官而迁居全国各地，于是，章氏血脉便延绵至各处，现主要分布在福建南平市浦城县、安徽宣城市绩溪县、浙江金华兰溪和台湾。仅《浦城县志》记载浦城章氏一门出过进士二十五人、状元两人、宰相三人、尚书五人、检校尚书四人。单单是明朝两百多年历史中，浙江兰溪章氏共出了十位进士。就这两个县一级地方，章氏家族已不止为社会贡献了三十五位进士。章氏家族的仕宦特征体现出很强的家族延续性，这指的是家族成员基本都是直系几代考中进士或是举人，其中最有代表性的是章懋支脉"一门两尚书"与章赞支脉"一门四举人"。

在章仔钧夫妇及其家训影响之下，十五个儿子个个有出息，不是高级武将就是御史大夫之类的朝廷重臣，后世中国历史上大名鼎鼎的历史名人欧阳修、包拯、司马光、曾巩、程颢、范仲淹都分别写诗称赞他们的儿子。欧阳修诗中是这样称章仔钧第六个儿子、官至南唐御史大夫的章仁郁，"缅想伊人，高风可企"。后世影视剧板着脸、以无比严肃、大公无私著称的包青天包拯居然也有温情的时候，他写的诗是这样称赞章仔钧第九个儿子、官至南唐耀武都指挥使兼威武将军的章仁鉴："独抱孙吴略，雄才著古今。安唐无血刃，报国见丹心"。北宋理学奠基者程颢评价章仔钧第十二子、官至南唐监察御史兼尚书右仆射的章仁耀"不避嫌，犯颜谏，一国相安无忧患"。司马光则称赞章仔钧第十子、南唐检校尚书工部侍郎兼耀武大将军章仁肇"德业崇隆兮，乃文乃武"。以司马光作为中国历史上最重要史学著作之一的《资治通鉴》的主编的眼光，竟能以"品德与功业都非常高"来评价比他早出生未到一百年的历史人物，很不容易。

"高风""雄才""丹心""一国相安""德业崇隆"，这些评价都出现在章仔钧的儿子身上，而这仅是一部分例子。唐宋八大家中的曾巩、名词人宋祁与叶梦得也写诗赞扬章仔钧的第三、十一、十五个儿子，只不过由于包拯、司马光、欧阳修这些人的名气比曾巩等人高出太多，只选部分具体介绍而已。由此可见，在包拯、司马光、欧阳修这些人的眼里，章仔钧十五个儿子个个都有大出息，教育的成功率为百分之一百！

对此，不少皇帝为之动容，直接写诗称赞，有据可查的至少有两位，除了明成祖之外，宋仁宗也热情洋溢地写了一首《御赐太傅归田诗》，诗中写道："适意不论三仕喜，传家唯有十分清。"

无论东方西方，人类历史上几千年的帝制时代里，所有皇帝的肩膀上都担着家族传承与国家繁荣安定即安家安国的重担，这位推行庆历新政致使"祠堂""义庄""族产""族规""乡约"大行其道，只准许士、农子弟参加科举考试从而深远地影响了中国宗法制度与家训史的皇帝，也许就是从《章氏家训》及章氏家族的整体表现中得出了自己的判断：世间一时之喜只是过眼云烟，只有十分清晰并能掌握传承家族的正确方法，塑造良好家风，才是真正值得高兴的大事。

今人有一个理论，叫木桶理论，提出者为美国管理学家劳伦斯·彼得，说的是：一个水桶无论有多高，它盛水的高度取决于其中最低的那块木板。

令所有章氏子孙后代骄傲的是，他们的先祖章仔钧的贤内助不仅不是短板，而且从这一千年的中国家训史考来看，这块板甚至比章仔钧还高。

这位章仔钧夫人，史称练夫人，而非依夫姓被称为章太傅夫人或章夫人，一千多年前，北宋宰相司马光在文章里这么称呼，现在由章氏家族后人组成的"浦城章仔钧练夫人研究会"在家族内部也如此称呼。这种情形，是中国历史长河中非常罕见的。帝制时代，由于出嫁从夫的观念，只有极为少数的几个人可以做到，比如，岭南地区洗太夫人、传说中的杨家将老祖宗佘太君，即使被称为中国古代四大贤母的孟子母亲，也只留下孟母三迁的故事，后世也只知她的丈夫是孟子的父亲，姓氏则缺乏历史记载。

现在我们来看看司马光是如何写这位练夫人的。他在《涑水记闻》第九卷里面写道："其夫人练氏，智识过人。太傅尝出兵，有二将后期，欲斩之。……练夫人密摘二将使去，二将奔南唐。将兵攻建州，破之时，太傅已卒，夫人居建州。二将遣使厚以金帛遗夫人，且以二白旗授之，曰：'吾将屠此城，夫人植旗于门，吾以戒士卒勿犯也。'夫人返其金帛并旗勿受，曰：'君幸思旧德，愿全此城之人，必欲屠之，吾家与众俱死耳，不愿独生。'二将感其言，遂止不屠……及宋兴，子孙及第至达官者甚众。"

结合其他研究资料，司马光记载的是，练夫人有一次在随丈夫行军打仗的时候，丈夫手下有边镐与王建封两个将领未能及时到达指定地点，练夫人知道此二将有才且平素忠心耿耿，于是与丈夫秘密商量，一方面由章仔钧出面公布依军法问斩，练夫人出面请求延缓处决，另一方面，私下用计释放了这两个将领而又不致影响军心。两个将领获释后投奔了南唐，后来，这两个将领率领兵马攻打建州，也就是现在的福建省建瓯市，也称为芝城，城破之时，章仔钧已去世，二将原本已下令将全城的人都杀死。但当他们得知自己的救命恩人练夫人还在城内时，派人秘密进城，送上贵重礼物的同时交给练夫人两面白旗，告知她，只要将这两面旗插在门口，当屠城的时候，所有的士兵都不会进入，这样就可以保全身家性命。练夫人这时做了一个举动，那就是坚决不收礼物、不收白旗，并请使者转告二将说："你们如果还感念当初的恩德，那么，请放过这座城里面的平民百姓，如果一定要屠城，那么，就让我们全家与这城里的所有人一起死吧，我们不愿独自逃生！"两位将领非常感动，终于下令不准屠城。练夫人此举挽救了全城百姓。

这就是历史上世代相传"练夫人保全建州城"的故事，这件事发生在南唐保大三年（945）。保大十年，练夫人高龄病逝。建州百姓公议将其安葬城内府衙大堂之后，并建造"全城阴德祠"，尊为"芝城之母"，也就是建州之母，春秋祭拜，以念其对整座城市数十万条性命的再生之德。北宋庆历五年，朝廷追封章仔钧为金紫光禄大夫、武宁郡开国伯、琅琊王，练夫人为越国夫人。此后，练夫人"以一人生死，救全城百姓"载入史册，成为千古佳话，由于民间景仰及宋、明、清几个朝代从皇帝到士大夫的推崇、认可，练夫人逐渐成为明清朝廷"妇德"的典范，也逐渐发展成为闽粤赣交界地区民间信仰的重要神祇之一，逐渐完成由人格向神格转化，成为福建、江西、广东交界处护佑一方的地方女神。清代晚期，据说由于练氏夫人显灵保佑，帮助浦城百姓渡过难关，清廷为此专门赐"保康灵佑夫人"封号。据考证，明代广东兴宁县、仁化县等地于衙署内祭祀的七姑神就是练夫人，七姑神至今在江西南部、福建西北部、广东东北部地区流传广泛，至今江西石城、瑞金、南康七姑祠普遍存在。

综观练夫人善举能成功且保全了家族与全城十万百姓的性命，其窍门就在于让与忍这两个字，如果当初不是力劝丈夫忍一时意气然后由其私密放走边镐与王建封，而且在面临屠城、家族灭亡的紧要关头，宁愿让出自己及部分尚在城中儿孙的性命，无论如何，也是很难感动得了那两名已决心屠城的将领的。这件事真的是一环紧扣一环，无比惊险，结局却在情理之中。

北宋名相寇准为此专门写了一篇文章，题目是《练夫人不受金旗像图赞》，里面说道："彼却金旗，大义凛然。英雄佩服，建民青天。"南宋文天祥为此写下这样的字句："二校将才，胸罗兵甲。虽已愆期，姑从废法。怜悯无言，夫妇相洽。固结其心，胜似血插。"

后世一般认为，练夫人能做出此善举是与章仔钧互相影响的结果，共同生活数十年，正如文天祥所说："夫妇相洽"。现在流传下来的《章氏家训》，据我的推论，作于章仔钧晚年，尽管只是短短的一百九十六个字，却是章氏夫妇一生智慧的高度概括，同时也是他们一直身体力行的家风准则，练夫人此善举正是践行着其夫君定下的"安家两字曰让与忍"。后世普遍认为，章氏夫妇为子孙后代积下了很多阴德，让出逃生的机会以保全建州百姓只是其中一件典型的事迹。比如，明成祖朱棣就在《御制为练夫人阴骘传》中写了两首诗盛赞练夫人，名为《明成祖御赠练夫人诗》。其一为："曾将厚德结人心，岂料翻成报德深。肯使一家同日死，全城宁与却黄金。"其二为："积福由来报在天，子孙荣显自延绵。一门福庆皆阴德，千古犹称练氏贤。"

在福建蒲城生活过的朱熹，就深受章仔钧夫妇的影响，他在《题章氏双阙》中感叹道："唐室遥遥孝义门，屹然双阙至今存。当时泣尽思亲血，化作恩波遗子孙。"

积善之家必有余庆。遥望公元945年前后，如果不是练夫人在面临家族生死存亡时的让与忍，如果不是舍生取义的大善，很难想象，章氏家族能成为天下望族。今年是2019年，这一千零七十四年来，章氏家族所取得的成就令人惊叹，宋元两朝，登进士者有志载籍贯可存者有两百多人，明清两朝进士、举人亦不减宋元，文治武功代不乏人，现代至当代，章氏人才遍布海内外，兴盛不减。现今子孙后代两百七十多万人，追根溯源，几乎都是从章仔钧练夫人开始的。

北宋宰相王曾（978—1038）说章氏："枝叶昌盛，冠盖蝉联，至圣宋而益显焉。"宋状元、侍御史王十朋（1112—1171）也说："太傅仔钧公十五子、六十八孙，皆显爵于朝，至元孙郇国文简公得象、申国公惇，遂为天下右族也。"被明太祖朱元璋誉为"开国文臣之首"的宋濂在《龙泉章氏世系碑文》中一抒胸臆，他仰天长叹道："呜呼！何章氏之多贤子孙哉！濂窃观之世家巨室，能使遗裔蝉联而弗之绝者，皆其先德之敷遗。"

由此可见，子孙贤达，蝉联不绝，相隔四百多年到了明代，章氏家族仍然是"世家巨室"，宋濂将此归结为章氏祖先的积德行善。可见当年练夫人的主动"让"出性命，使章氏家族不仅得以保存，而且比世界上大多数家族都要安宁祥和稳固。

顺德碧江金楼

（二）曾国藩家族

曾国藩（1811—1872），汉族，初名子城，字伯涵，号涤生，孔子亲传弟子、宗圣曾子的七十世孙。中国近代政治家、战略家、理学家、文学家，湘军的创立者和统帅。与胡林翼并称曾胡，与李鸿章、左宗棠、张之洞并称"晚清四大名臣"。官至两江总督、直隶总督、武英殿大学士，封一等毅勇侯，谥曰文正，是中国历史上最具影响的人之一。

曾国藩的崛起，对清王朝及其后的政治、军事、文化、经济等方面都产生了深远的影响。在曾国藩的倡议下，建造了中国第一艘轮船，建立了第一所兵工学堂，印刷翻译了第一批西方书籍，安排了第一批赴美留学生。其所创晚清古文的"湘乡派"，乃湖湘文化的重要代表，清末及民初严复、林纾，以至谭嗣同、梁启超等均受他文风影响。所著甚丰，不下百数十卷，收录于《曾文正公全集》，传于世。

其父曾麟书，号竹亭。竹亭公撰有两副对联，一副是："有子孙，有田园，家风半耕半读，但以箕裘承祖泽；无官守，无言责，世事不闻不问，且将艰巨付儿曹。"另一副对联与之相似："清茶淡饭粗布衣，这等福老子享了；齐家治国平天下，那些事儿曹当之。"这两副对联表现出了一种相当洒脱的高人逸士姿态，不是常人所能达到的。其中所蕴藏的丰富内涵也非一言而可尽。这两副对联的上联均表示自己对生活的要求不高，半耕半读，粗茶淡饭已足够；两下联又对儿孙们寄予厚望。这种希望与普通人要求子孙出人头地、升官发财截然不同，而是要将齐家治国平天下这个艰巨的任务交给子孙去做。这可称得上是一种深谋远虑。亦耕亦读，勤俭持家，敬祖睦邻，成为曾家持家立业的基本生活理念和世代相传的传统。曾国藩也始终都在秉持着这样的持家之道。

"半耕半读"的家风中，曾国藩深受其益，同时，他也结合自己治学、为官的人生经验，将新的见解融入其中，进一步发扬了耕读传家的传统。曾国藩在"和以治家"的宗旨下还特别强调"勤以持家"。"勤以持家"在曾国藩那有两层意思，一是家庭成员要克勤克俭，一是做家长的要勤以言传身教。曾国藩说的这些，他自己就能一丝不苟地带头去做，而且做得非常好。比如曾纪泽喜欢西方社会学，曾纪鸿喜欢数学和物理学，曾国藩虽然一窍不通，也能尽自己所能去了解，去努力学一点。这样的父亲，才不愧是一个真正"勤以持家"的父亲。在曾国藩的影响下，曾纪泽总是会亲自教孩子们学英语、数学、音乐，还教他们练书法、写诗文，不论多忙，每日总要抽出时间来陪孩子、陪家人，这就是最好的家庭教育。所以，曾国藩子孙、曾孙，甚至玄孙里，有很多科学家、教育家和社会活动家。

在曾国藩的家书中，有许多内容都是教导弟妹子侄要谨守家传耕读文化传统的。在写给弟弟的一封信中，他一再强调："家中兄弟子侄，总宜以勤敬二字为法。""吾不望代代得富贵，但愿代代有秀才。"

道光二十九年四月，曾国藩又对四个弟弟叮嘱道：从古到今，官宦人家，大多只有一二代竭尽享乐便完蛋了。这其中最主要的原因就是其子孙后代开始是骄横跋扈，接着是荒淫放荡。而商贾之家，勤俭者能延三四代。耕读之家，谨朴者能延五六代。孝友之家，则可以绵延十代八代。我今赖祖宗之积累，少年早达，深恐其一身享用殆尽。故教诸弟及儿辈，但愿其为耕读孝友之家，不愿其为仕宦之家。诸弟读书不可不多，用功不可不勤，切不可时时为科第仕宦起见。

作为典型的耕读传家奉行者，对于耕读传家的效果，他的上述论断未免有些保守。曾国藩五兄弟绵延至今就已超过五六代，已到第八代，后人有成就者大约二百四十多位，如光禄大夫、建威将军曾纪官、曾广銮，清末翰林曾广钧，资政大夫曾广江，刑部员外郎曾广镕，女诗人曾广珊。部分曾氏后代情况见下表。

曾纪泽	曾国藩之子	清末著名外交家
曾纪鸿	曾国藩之子	清末著名数学家
曾广钧	曾国藩之孙	光绪进士，著《环天室诗集》《河洛算术》
曾广铨	曾国藩之孙	驻韩、德国大使，京师大学堂译学馆总办
曾广植	曾国华之孙	曾留学美国，有机化学家
曾约农	曾国藩曾孙	著名教育家，英国伦敦大学理科工程科学士，台湾东海大学校长
曾昭权	曾国藩曾孙	美国麻省理工大学电机工程学士，湖南大学电机系主任，教授
曾昭桓	曾国藩曾孙	美国意利诺大学铁路土木工程学士，复旦大学教授
曾宝荪	曾国藩曾孙女	英国伦敦大学理科学士，长沙艺芳女校创办人，校长
曾宝菡	曾国藩曾孙女	著名女翻译家
曾宝菡	曾国藩曾孙女	著名骨科专家，浙江杭州广济医学院医学博士
曾宪森	曾国藩玄孙	中国人民大学教授
曾昭抡	曾国藩曾孙	著名化学家，教育部副部长、高教部副部长

续上表

曾昭燏	曾国潢曾孙女	英国伦敦大学考古学硕士，著名女考古学家，南京博物院院长，中国博物馆学理论奠基人
曾昭承	曾国潢曾孙	美国哈佛大学经济科硕士
曾昭懿	曾国潢曾孙女	北京协和医学院医学博士
曾宪澄	曾国潢玄孙	美国史蒂芬斯学院数学系硕士
曾昭义	曾国荃曾孙	日本早稻田大学政治经济科学士
曾昭祁	曾国荃曾孙	日本东京大学商科学士
曾宪植	曾国荃玄孙女	全国妇联副主席
曾宪朴	曾国荃玄孙	园艺学家
曾厚熙	曾国荃玄孙	著名画家
曾宪楷	曾国荃玄孙女	中国人民大学教授

　　梁启超一生非常佩服曾国藩，深受影响，他感叹，"盖有史以来不一二睹之大人也已；岂惟我国，抑全世界不一二睹之大人也已。"所以，我们现在看到的梁启超家训也是以家书的形式娓娓道来，颇有曾国藩风格。美中不足的是，通读梁启超家书，未见有对子孙后代关于耕读传家的教诲，大概是珠玉在前不必重复的缘故。

　　曾国藩晚年在写给二弟国潢的信中，总结其祖父星冈公遗教的家风家规，概括为"八字诀"，后世称为曾国藩传家"八字诀"。具体内容是这样的，他说："子弟之贤否，六分本于天生，四分由于家教，吾家世代皆有明德明训，惟星冈公之都教，尤应谨守牢记，吾近将星冈公之家规，编成八句云：'书蔬猪鱼，考宝早扫，常说常行，八者都好，地命医理，僧巫祈祷，留客久住，六者俱恼。'

盖星冈公于地命医家世世守之，永为家训，子孙虽愚，亦必使就范围也。"

"书蔬鱼猪，早扫考宝"，是指读书、种菜、养鱼、喂猪、早起、扫屋、祭祖、睦邻八件事情。曾国藩终生要求子弟立足农耕，半耕半读，把勤于农事看作是家业兴旺的标志，他说："乡间早起之家，蔬菜茂盛之家，类多兴旺；宴起无蔬之家，类多衰弱。"他在《致澄弟季弟》的家书中说："家中养鱼、养猪、种竹、种蔬四事，皆不可忽。""家事如馆内之书、园里之蔬、塘中之鱼、栏内之猪，四者皆一家生趣，余时时挂心。"

曾国藩将其住宅取名"八本堂"。八本即读书以训诂为本，诗文以声调为本，事亲以得欢心为本，养生以少恼怒为本，立身以不妄语为本，居家以不晏起为本，居官以不要钱为本，行军以不扰民为本。这八本是曾氏书香门第家庭教育之精髓，曾国藩勉励兄弟及其子孙后代终身行之不懈。

现在很多人提倡家风，却不知家风并非一朝一夕可以养成。曾国藩家族就是一例。

曾国藩祖父星冈公年轻时不务正业，常常去市集，与纨绔子弟为伍，好逸恶劳，起床很晚。如果任由这种习惯持续下去，曾国藩出生在这种家庭也许会是另外一种命运。后来，有一次星冈公在街市上，听到长辈议论，说他将来会是个败家子，他听后大为震惊，幡然醒悟，当场把马卖掉，徒步回家，自此后，他摒弃恶习，专心农事，开山垦荒，耕作种蔬，喂猪养鱼，一辈子都天没亮起床，勤劳终身。甚至曾国藩入翰林后他仍训导儿子竹亭说："宽一（曾国藩小名）虽点翰林，我家仍靠作田为业，不可靠他吃饭。"他自己仍然种菜挑粪。

耕读传家解密

曾国藩秉承祖父之风，还做得更为细致，其实就是在知行合一践行传家之宝"八字诀"。

身居高位，仍然规定家中妇女纺纱织麻，即使他的夫人、媳妇住在总督署内时，也要织麻纺纱，做女红。儿子纪泽成婚前，他说："新妇初来，宜教之入厨做羹，勤于纺织，不宜因富贵子女不事操作。大、二、三之诸女，已能做大鞋否？三姑一嫂每年做鞋一双寄余。"他还要求女儿学洗衣，学煮菜烧茶。

晚清时期，官场非常腐败，像曾国藩这样的朝廷大员，要想贪点钱财，轻而易举。但是，他始终做到不贪、不妄取。而且非常反对把余钱遗留给子孙，这点与林则徐类似。反对将俸禄用来购田置房，他以做官发财为耻。他说："予自三十岁以来，即以做官发财为可耻，以官（宦）囊积金遗子孙为可羞可恨，故私心立誓，总不靠做官发财以遗后人。神明鉴临，予不食言。"他甚至严厉地告诫他的澄弟，"切莫玉成黄金堂买田起屋，弟若听我，我便感激尔；弟若不听我，我便恨尔。"他的俸禄，除了孝敬上辈人外，全部用来周济亲戚族党中贫穷的人。

他常拿祖父星冈公为邻里排忧解难的故事教育诸弟和小辈。他引用别人的话说："有钱有酒款远亲，火烧盗抢喊四邻"，告诫儿子曾纪泽说，对待近邻"酒饭宜松，礼貌宜恭"。为了造福乡里，他还曾试行过"社仓"之法，即动员富户捐谷，青黄不接时借贷给饥民，到秋后，丰年收点息谷，遇到大歉收的凶年，不收息谷。

曾国藩不仅对家人严于管教，处处关照，时时提醒。而且严于律己，自奉寒素，过着清淡的日子。他布衣粗食，每餐一荤，非客至不增一荤，因此，当时人们戏称他为"一品宰相""一品"者，"一荤"也。任两江总督巡视扬州时，盐商特设盛宴，山珍海味，满桌佳肴，不为所动，仅就面前所陈数荤，稍食而已，之后他对人说，一食千金，吾心不忍食，且不忍睹。秉性节俭，不穿好的衣料。三十岁那年，曾制天青缎马褂一领，但在家时只是遇到喜庆日子或过新年才拿出来穿，其衣藏之三十年，犹如新衣。据曾国藩小女儿曾纪芬回忆说：在江南总督府时，有一次，李鸿章请她们母女吃饭，姐妹俩仅一条绸裤，相争乃至于哭泣，曾国藩闻之安慰道，明年若继续任总督，必为你添制绸裤一条。当时曾纪芬年幼，　闻此言，破涕为笑。

对儿女婚嫁也有规定，嫁女压箱银为二百两，同治五年，他的第四个女儿出嫁，欧阳夫人仍然遵循这个规矩，连他的三弟曾国荃也不敢相信，说"乌有其事"，打开箱子一看，果真如此，不禁"再三嗟叹"。

到了晚年，依然认真讲求俭、约。曾有人为他打造了一把银壶，让他炖补料，花了八两多银，他深为愧悔，写道："今小民皆食草根，官员亦多穷困，而吾居高位，骄奢若此，且盗廉俭之虚名，惭愧何地！以后当于此等处痛下针砭。"

（三）左宗棠家族

左宗棠（1812—1885），湖南湘阴人，字季高，号湘上农人。晚清重臣，军事家、政治家、湘军著名将领，洋务运动代表人物。历任浙江巡抚、闽浙总督、陕甘总督、钦差大臣督办新疆军务、东阁大学士、军机大臣管理兵部事务兼总理衙门行走、两江总督兼南洋大臣、钦差大臣督办福建军务，追赠太傅，谥号文襄。著有《楚军营制》，其奏稿、文牍等辑为《左文襄公全集》。在洋务运动、收复新疆等一些重大历史事件中做出重大贡献，后世对他评价比较高，中国近代思想家、政治家梁启超先生称他为"五百年以来的第一伟人"；美国政治家亨利·阿加德·华莱士这样说："左宗棠是近百年史上世界伟大人物之一，他将中国人的视线扩展到俄罗斯，到整个世界……我对他抱有崇高的敬意。"

左宗棠波澜壮阔的一生充满传奇：本是清王朝体制外人员，却自四十岁开始靠事功进入体制内，官拜宰相；他是地道的书生，做过私塾先生，写得一手锦绣文章，却以军功传世，年近七旬抬棺西征，收复新疆，保住中国六分之一国土，七十三岁组织"恪靖援台军"抗击法寇渡海作战，被誉为中国历史上四个打不败的将军之一。

"发上等愿结中等缘享下等福；择高处立寻平处住向宽处行"这副楹联，随着李嘉诚办公室的频频曝光而为世人所知，其实这是由左宗棠题于无锡梅园的一副对联。

湘阴左家至左宗棠父亲这一代已是七代秀才，家境并不宽裕。左宗棠早年在城南书院读书，之后与曾国藩一样，也有在岳麓书院受教育的经历。二十岁那年乡试中举后，后面的考试一次也没中过，虽然很不甘心，但生活还要继续，于是返回家中从事农耕生产，闲暇时间教书育人，研读儒家经典，涉猎孙子兵法等军事书籍。但左宗棠的志向和才干，得到了当时许多名流显宦的赏识和推崇，于1836年受邀出任湖南醴陵渌江书院山长（相当于校长），此前的左宗棠曾"从此绝意仕进"，打算"长为农夫没世"，写下"身无半亩，心忧天下；读破万卷，神交古人"的自勉联。

左宗棠在世时对书院情有独钟且受益于书院，如果没有在书院担任山长的经历，就可能没有历史上叱咤风云的左宗棠。正是在渌江书院山长任上，左宗棠以诗文得到朝廷重臣陶澍的赏识，出任两江总督府四品幕僚，其后曾国藩对左宗棠多有提携与相助之恩，从此改变人生轨迹。如此经历，必然加重了他的教育情结，因此，后来的左宗棠到处抢救典籍，编印书刊，兴教劝学，修建书院，包括曾数次将为他而建的生祠改作书院。

左宗棠与书院密不可分的缘分，成就中国书院史上一段佳话。

为弘扬左公精神，进入21世纪的湖南湘阴县依托纪念左宗棠的左文襄公祠，精心建设书院，2017年11月10日，左宗棠诞辰二百零五周年纪念日，左宗棠书院正式开山。也许，前来书院学习的莘莘学子最需要学习的，是左宗棠的家训。

左宗棠家训主要包括左宗棠家书和其题写的楹联匾额以及留下的警示劝诫名言等。现流传下来的左宗棠家书有一百六十三封，是他在戎马倥偬、政务繁忙之际写给夫人、仲兄、儿女和侄儿们的信札。他在家书中倡导"耕读为本，自立自强"。

以"当代诸葛亮"的智慧，左宗棠对自己从哪里来，此生应该做什么，又将到哪里去，想得清清楚楚。他的思考根据也许是：从左氏祖先繁衍时起，已历数十代人，人数成千上万，湘阴左氏只是其中一个分支。左宗棠是湘阴左氏这代人中的一个。个人的繁衍，家族的兴衰，此生的尊卑荣辱，当时看上去很了不起，其实真看清楚了，也只是历史中的一段。左宗棠曾说：中国姓氏、宗族万千，为什么有些家族崛起，有些家族衰落？世上没有谁可以无缘无故地崛起，也没有谁会无缘无故地衰落。崛起还是衰落，祖宗那里可以找到原因：祖宗如果做了很多有益于社会的好事，则个人的成长环境从小健康积极，这样的人走进社会，社会上帮助他的人就多；反之，祖宗如果做了许多恶事，则历代累积下来，家族文化扭曲，社会关系紧张，后人从小的成长环境负面消极，人格不健全，社会上厌恶、拒绝帮助他的人也多。

左宗棠传家之训："耕田读书，勿使子孙蜕化为纨绔子弟""好子弟，唯读书与耕田不可辜负"。

同治五年，他的四个儿子陪母亲去闽省亲，时左宗棠奉命移节西征，促儿侍母归乡。儿辈求训甚切，左宗棠书联以勉："要大门闾，积德累善；是好子弟，耕田读书。"并嘱咐说："慎交游，勤耕读，笃根本，去浮华。"他还给左氏家庙题写了一副对联："纵读数千卷奇书，无实行不为识字；要守六百年家法，有善策还是耕田。"嘱咐儿子孝威刊悬祠中，以示族中子弟。

左宗棠一生钟爱读书，多次强调耕读传家。他家书中多有教子读书做人的内容。他给长子孝威信中说："尔年已渐长，读书最为要事。所贵读书者，为能明白事理。学作圣贤，不在科名一路，如果是品端学优之君子，即不得科第亦自尊贵……尔父二十七岁以后即不赴会试，只想读书课子以绵世泽，守此耕读家风，做一个好人，留些榜样与后辈看而已。"

左宗棠自号"湘上农人"，精通农事。同治四年（1865），左宗棠在给孝威的信中指出，自己虽身居要职，但不想让子孙蜕化为纨绔子弟，而是要他们不忘家族寒素本色，保持平民耕读之风。同治六年（1867），他写信叮嘱周夫人："家下事一切以谨厚朴俭为主。秋收后还是移居柳庄，耕田读书，可远嚣杂，十数年前风景，想堪寻味也。"他担心孩子们在城市闲居太久沾染了不良习气，所以让他们仍然回柳庄去耕田读书。

左宗棠以其言传身教，延续了左家耕读传家、知行并重、勤俭忠厚的家风。

身居高位后，家乡赴京找他谋事的人很多，他一一回绝后自掏腰包送他们回乡，又担心老乡拿路费在京挥霍，于是将赠银分成几部分，沿途领取。左宗棠一生都践行着知识分子"修身齐家治国平天下"理想抱负，无论任职何处，都大力筑路、植树，兴修水利，发展农业生产，并创办福州船政，为建立中国近代海军奠定了根基，

顺德碧江金楼

创办了甘肃机器局、西安机器厂、兰州制造局和织呢局等。

　　左宗棠不聚财。他认为世上最大的悲剧是后人"蠢而多财"。从小捧着金饭碗长大，本事没学一点，嗜好滋生一堆，每天坐吃山空。人家觊觎你的财富，自己又没本事守得住。父亲一死，首先倾家荡产，最后断绝子孙，这难道不是家族悲剧？左宗棠六十八岁时立下遗嘱："我廉余不以肥家，有余辄随手散去。"他不仅教导子弟俭朴度日，自己也过着俭朴的生活。当了督抚以后，他把多余的钱随手散去，除救济灾民和贫苦族人外，做了许多公益事业，如修城墙，办书局、书院，资助西征军粮饷，左宗

棠常以"不欲以一丝一粟自污素节"告诫自己。

后代"蠢而多财"与"贤而寡财"两大选项，历史上多数显贵选择了前者，左宗棠果断选择后者。他的理由是，后代"蠢而多财"，必然导致"蠢而寡财"，选择"贤而寡财"，就总有希望"贤而多财"。因为社会财富竞争，说白了是贤愚竞争、能力竞技。因此，"子孙强于我，留钱做什么？子孙不如我，留钱做什么？""家有万贯，不如薄技在身。"在世时散财行善，内可以正家风，外可以广人缘，这才是治家的良药，是真正的发家强族之道。

由于自己为官，看到了为官的种种，所以左宗棠在家训中还提出"读书不为科名"，因此，尽管他的子孙大多很争气，后代学者和名医频出，进入仕途的反而不多，官位较为显赫的只有四儿子左孝同、第三代孙子左念恒和第五代孙女左焕琛。左孝同曾任江苏提法使、布政使；左念恒曾任余杭太守。学者与名医中，左景鉴是外科首屈一指的名家，是我国腐蚀与防护学的开创者和奠基人；左焕琮是医学界德高望重的名医，曾经还给蒋介石的孙儿蒋孝慈做手术；左坚是著名生物学家；当过上海市副市长的左焕琛则是影像医学及心血管病专家。对于左宗棠家族后代何以多出学者与名医，身为左氏后人的左焕琛归结为"爱国爱民与悲天悯人"情怀。

三、以经商为主要特征的家族

（一）晋商家训与晋商望族

晋商，称雄商界三百年，纵横欧亚九千里，留下了至今仍被人们关注和研究的商业传奇。晋商之所以成功乃是将中国优秀的传统文化融入商业经营、为人处世、治家育人中，在实践活动中逐渐形成了一套自成体系的商业文化和经营理念。这些商业文化、经营理念和家风建设，支撑着山西商业取得了举世瞩目的辉煌业绩，并对后世产生了极为深远的影响。

晋商的杰出代表是乔家与王家。

1. 乔家

祁县乔氏家族是清末民初闻名全国的商业家族，是晋商的代表。乔氏家族最早可考的始祖是乔守纪，历经繁衍生息，传承至今已历十五世，代表人物有乔贵发、乔致庸、乔映霞等。乔家祖居祁县乔家堡，从乔贵发创家业始，乔家由贫穷农户发展成富商巨贾，从单身一人繁衍为人口众多、人才辈出的望族。鼎盛时期，乔氏家族数百人口聚族而居，乔家产业遍布全国，独领风骚两百多年。

乔家之所以家兴族旺，和乔家的家规家训关系密切。乔家家训主要是乔致庸借用明末清初著名理学家、教育家朱柏庐的《朱子家训》和自古流传民间的修身格言等择其要组成，如"有补于天地者曰功，有益于世教者曰名；有学问曰富，有廉耻曰贵，是谓功名富贵"，告诫子孙勤学养德，行善于世。乔家家训中有一句话：我不识何等为君子，但看每事肯吃亏的便是；我不识何等为小人，但看每事好便宜的便是。

家规止人，家风兴业，有了家规家训的约束和教化，乔氏一族才形成了优良的家风并传之后世，影响深远。"百年燕翼惟修德，万里鹏程在读书""书田历世""百年树人""读书滋味长"，这些楹联、匾额，折射着乔家尊师重教的家风。乔家设私塾，让子弟不分男女，不论亲疏，一律上学读书。乔家对任教的老师十分敬重，每位老师都配书童伺候，伙食与主人相同，还让老师坐上席。老师回家主人们要送到大门外，等老师上车以后才能返回。

乔家大院中的"书田历世"匾额，是乔氏家族自况，也是乔氏先祖对后代的训导。书田，以耕田比喻读书，故称书为"书田"。还有旧时巨族大姓以公置田产中的地租所得，为族中子弟读书的补贴，谓之"书田"。此外，亦有"晴耕雨读"之意，取自南阳诸葛"乐躬耕于陇中，吾爱吾庐；聊寄傲于琴书，以待天时"。历世，是历代、累世之意。

2. 王家

王家大院坐落在山西灵石县静升村，有着近七百年历史，是中国民居建筑的典范，家族文化的表率，吉祥文化的标本，是中国耕读传家与官商经济的契合。王家是太原王氏的后裔，据说在元朝皇庆年间一位名叫王实的人定居静升。在事耕的同时，王实兼做豆腐，由于技高一筹，加之为人敦厚，生意渐兴，因此王实被尊为静升王姓始祖。王氏家族鼎盛于清朝康熙、乾隆、嘉庆年间，那时，除了大兴土木，营造室第、祠堂、坟茔和开设店肆、作坊外，在当地还办有义学，立有义仓，而且修桥筑路、蓄水开渠、赈灾济贫、捐修文庙学宫等等，善举不竭。在此时代，王家入仕者仅二品至五品官员就有十二人，以各种形式受封的官员大夫达四十二人，还有二人分别于康熙六十一年（1722）和嘉庆元年（1796）参加了朝廷举办的千叟宴。足以看出王家的显赫。到清中叶，王家便由原来的平民百姓发展成为居官、经商、事农综合型的名门望族。王家大院包括东大院、西大院和孝义祠，总面积近三万五千平方米。

民国初年，王家店铺仍然覆盖晋、冀、京、津等省市。在卢沟桥事变之后，王家被迫举家南迁，大院人去楼空，王家人也漂泊异乡。到了现代，王家大院作为我国优秀的传统建筑文化遗产和民居建筑艺术珍品对外开放，在国内外产生了积极的影响，被广誉为"华夏民居第一宅""中国民间故宫"和"山西的紫禁城"。

王家大院祭祖堂联："追旧德为善最乐济乡里；修先业耕读传家望青云。"意即追念先人之美德，以行善为最快乐，帮助乡里做善事；修行先辈事业，传承耕读家风，才能平步青云，事业旺盛（柳永平：《晋商家训》，山西经济出版社，2017）。

如果不是王氏历代先祖有着各种各样得益于耕读传家的经历，必无法得出这样的体会并将之形成家训教导子孙后代照做不误。

（二）徽商家训与徽商望族

徽商在南宋崛起之后，到明朝已经发展成为中国商界和晋商并举的一支劲旅，到清朝中叶，徽商一跃成为中国十大商帮之首，所谓"两淮八总商，邑人恒占其四"，尤其是在盐茶业贸易方面，徽商独执牛耳。康熙、乾隆年间，"钻天洞地遍地徽""无徽不成镇，无绩不成街"，徽商进入鼎盛时期，直到清末，徽商才开始走向没落。绩溪徽商的兴起比徽州其他县要晚一些，当徽属各县之徽商日趋没落之际，绩溪徽商却方兴未艾。

据史书记载，大约在明代中叶，绩溪徽商才兴起，到清末蔚成大观。绩溪徽商的主要代表人物有：红顶巨商胡雪岩、徽墨名家胡开文、茶商胡炳衡、徽商工业创始人胡练九。

宋代以来，家族修族谱之外，形成自己的家训是很普遍的现象，绩溪胡氏在中国商业史上取得过持续时间较长的辉煌，也一定会通过种种方式传承胡氏家训，按理应很容易搜寻得到，然而，本文写作之时，所得到的资料零零星星、片言只语，因此，我的结论是：绩溪胡氏家族，在宋以来的家训大潮中，并未形成完整的家训。殊为可惜。

归结起来，"慎终追远""孝悌伦常""勤俭持家"和"耕读传家"可以说是绩溪徽商治家的四大核心理念。

其中，以章氏家族最为典型，尽管这个家族在徽商当中并未出现如胡雪岩这样的巨富，但在数百年的徽商群体中，一定也有较为突出者，只是尚未找到相关记载，其原因，从其家训并不注重教导后代子孙从事商业经营中可找到蛛丝马迹。安安稳稳地传家兴家，不追求大起大落，未尝不是章氏先祖对家族传承的预设。

绩溪湖村章氏宗祠楹联至今写的是"守祖宗一脉真传克勤克俭，教子孙两行正路惟耕惟读"。

今天，在绩溪城乡章姓聚居地，家训影响根深蒂固、润物无声，知书达礼、崇文重教、孝老爱亲、邻里和谐蔚然成风。西关一带还有"儒耕堂""慎思堂""持敬堂""积厚堂"等众多古民居遗存，这些民居的堂号从一个侧面反映出西关章氏子孙秉承家训、崇文重教、耕读传家的历史传承。

（三）其他商帮

1. 豫商

康氏家族，人称"康百万"。"康百万"不是特指某一个人，而是明清以来对以康应魁为代表的整个康氏家庭的统称，因慈禧太后的册封而名扬天下。

早在朱元璋时期，康氏家族先祖从山西移民到河南，最终在巩义安家落户，耕种为生，其后，从在河洛开小饭馆开始，发展成"康家店"客栈，第六代后开始了真正的大富大贵，历经四百多年兴盛不衰，祖孙十二代皆富豪，打破了富不过三代的常见现象。直到清朝末年，仍具雄厚财力，所在的镇现为康店镇，其庄园被称为康百万庄园或河洛康家，现为全国重点文物保护单位，国家AAAA级旅游景区，与四川刘文彩庄园、山东牟二黑庄园合称全国三大庄园，与山西晋中乔家大院、河南安阳马氏庄园并称"中原三大官宅"，被誉为豫商精神家园、中原古建典范。

家族史上曾有康大勇、康道平、康鸿猷等十多人被称为"康百万"，其中最具代表性的是清代中期的康应魁。清代中期的康百万富甲三省，主要做船运生意，土地总占有量十八万亩，雄居全国之首。明清时期民间流传着这样一句话："头枕泾阳西安，脚踏临沂济南，马跑千里不吃别家草，人行千里尽是康家田。"从这句话中可以看出康氏家族的家产多么庞大，马跑出千里还是吃的康家的草，人走了千里周边还是康家的田。

康氏家族的辉煌是家族优良教育的结果。康家的家训是这样一句话："志欲光前惟是读书教子，心存裕后莫如勤俭持家。"也就是说，如果想要兴盛家族就必须要教育好子孙，要子孙享福，就必须勤俭持家。漕运起家、官商发家、勤俭持家、耕读传家，显示了康家以农为本、亦农亦商的家传之宝。

康家庄园内大厅里悬挂一块被称为中华名匾之一的"留余"匾，此匾是康氏家族教育后代的家训匾，匾上题字"留有余，不尽之巧以还造化；留有余，不尽之禄以还朝廷；留有余，不尽之财以还百姓；留有余，不尽之福以还子孙"，其大意是说，不要把技巧使尽，以还给大自然，不要把俸禄用尽，以还给朝廷，不要把财物占尽，以与百姓分享，不要把富贵享尽，以留给后代子孙。匾文体现了儒家"财不可露尽，势不可使尽"的中庸思想，这种思想在康百万资助朝廷、修黄河大堤、建学堂、赈济灾民等方面都有体现。

凡事留有余地，当是康氏四百年来先耕后商且读的感悟吧。

2. 苏商

两百年来，苏州向有"富潘"一说。苏州富潘，指的是由徽入苏之后以潘麟兆为代表人物的潘氏家族，这一支，以迁到苏州的潘留孙为第一世。

曾称"江南第一豪宅"的潘氏"礼耕堂"，现为全国重点文物保护单位，匾额为清代书法家梁同书手迹。在苏州，徽商要融入传统士文化占上风的主流社会，就必须要读书做官。"礼耕堂"三个字，是"诗礼继世，耕读传家"潘氏家训的浓缩。

乾隆四十八年（1873），潘文起斥资三十万两白银，历经十二载，翻建"礼耕堂"所在的卫道观宅地，扩至十三亩，坐北朝南、五路六进，巍峨气派，奠定了礼耕堂现在的建筑格局。这是一项耗时费资的庞大工程，据史料记载，康乾年间，一名江苏巡抚的年收入为一百三十两白银，而纺织工作为当时最赚钱的职业，一名家庭纺织女工的月收入也仅一两白银，潘家修座宅子的花费便相当于一名江苏巡抚两千三百多年的年收入总和，而一名纺织女工则要持续工作两万五千年，由此可见"富潘"绝非虚名。至今老苏州们还流传着"苏州两个潘，占城一大半"的俗语。

"富潘"耕读为先，其次经商习艺。但家族科举颇为不顺，到第九世潘麟兆索性改习商贾，每天打点至深夜，又极其节俭，家业好转，1721年，举家迁往卫道观，其后经历数代人的努力，在鼎盛时拥有苏州观前街的大部分商号，如元大昌酒店、稻香村糕点、黄天源糕团、文昌眼镜店。潘氏家族主要经营药材、木材、丝绸等业，生意做到了天津、北京和郑州，就连北京的老绸缎庄"瑞蚨祥"也是潘家产业。

潘家与很多富商家族不同的是，在致富后历代不忘读书，但比起在商场上的战绩，颇有不如，除了第十六世孙潘灏芬以学部考试最优等而赐给法政科进士之外，并无大的建树。

四、其他以耕读传家为家训的家族

（一）湖南张氏家族

张谷英（1335—1407），元末明初人。据族谱记载张谷英原籍江西，曾任明指挥使，于明洪武年间放弃指挥使军职不做，由吴入楚，沿幕阜山西行，归隐于岳阳县渭洞笔架山麓，其子孙后代就在这里依山建起了延绵四里多的大屋场，这便是今天的张谷英村。

张谷英将"耕读继世、孝友传家"这八个字作为家训，此后，"耕读继世、孝友传家"的对联，高悬在张谷英村的大门前，成为支撑张氏家族的精神支柱。

在张氏家族的家训族戒中，"勤耕读"是一个突出的主题。先祖深知耕读的重要性，告诫后人要"耕读为本，以俭朴为荣，兴书香门第，继百忍家风，尚礼仪而四邻和好，爱劳动而百业兴隆"，并留下"兴门第不如兴学第，振书声然后振家声"的祖训族规。谷英公后代们谨遵祖训，他们读诗书、勤百业，代有人才出。

（二）四川钟氏家族

清代由广东迁至四川的钟氏家族，其《钟氏族谱》中有"祖训十二款"。

在十二款中，"耕读为本"一款集中表达了要求得生存必须勤于耕稼、要求得发展必须读书仕进的思想基础：

"人有本务，不外耕读二事。盖勤耕则可以养身，勤读则可以荣身。苟或不耕，则仓廪空虚，此乞丐之徒。不读，则礼义不明，此蠢愚之辈。凡我子孙耕者成耕，读者成读。此本所当务也（陈世松：《大迁徙：湖广填四川历史解读》，四川人民出版社，2010）。"

第三节 骤兴骤衰型——无明确且可系统执行的家训

一、西汉时期的霍光家族

霍光，字子孟，约生于汉武帝元光年间，河东平阳（今山西临汾市）人。跟随汉武帝近三十年，是武帝时期的重要谋臣。汉武帝死后，受命为汉昭帝的辅政大臣，执掌汉室最高权力近二十年，为汉室的安定和中兴建立了功勋，成为西汉历史发展中的重要政治人物。但在史上以"只知谋国不知谋家"著名，霍光在世时家族非常兴盛，在其去世三年后的公元前65年，家族就遭遇了灭顶之灾，属于典型的骤兴骤衰型。

霍光是西汉著名将领霍去病的同父异母之弟。其父霍仲孺先在平阳侯曹寿府中为吏，汉武帝元狩四年（前119），二十一岁的霍去病以骠骑将军之职率兵出击匈奴，路过河东，方与其父相认，并为其购买了大片田地房产及奴婢。当时，霍光仅十多岁。霍去病得胜还京，遂将霍光带至京都长安，将其安置于自己帐下，任郎官，后升为诸曹侍中，参谋军事。两年后，霍去病去世，霍光做了汉武帝的奉车都尉，享受光禄大夫待遇，负责保卫汉武帝的安全，所谓"出则奉车，入侍左右"。在跟随汉武帝时期，谨慎小心，受到汉武帝的极大信任，同时，他也从错综复杂的宫廷斗争中得到锻炼，为以后主持政务奠定了基础。

主持迎立宣帝，使霍光家族达至风光无限的境地。当时，霍光坐在宣帝的身边替他赶马车去祭拜祖庙，宣帝后来回忆说当时的感觉是"如芒在背"，等换了张安世驾车后，他才安心。其实，这一方面反映了霍光的权威之大，另一方面也为霍家的败亡埋下了伏笔。霍光去世后，宣帝等到时机成熟，立即派兵，凡霍氏宗族亲戚，一概拿办。霍山、霍云服毒自杀，霍显、霍禹被腰斩，霍氏女婿、外孙，尽数处死，诛灭不下千家。

霍家彻底败亡原因归结如下：

一是霍光以其威望阻止宣帝立后，最后明为推荐实为安排霍显之女为后。二是霍光的儿子霍禹以及霍光哥哥的孙子霍云、霍山及外孙等，陆续获取了官职，在朝廷上渐成盘踞之势，引起了宣帝猜忌。三是霍光后院起火，继室霍显是个心狠手辣、极具贪欲、不知收敛、无视礼法的女人，霍显对于霍氏家族一门三侯的辉煌尚不满足，做了太夫人之后，竟擅自扩大霍光的故制，自己的生活更是纸醉金迷。民间甚至传闻霍家毒死了许皇后。她的这些做法引起了公愤，许多人上书弹劾。四是二十多年的执政结怨太多，且有许多越权之事。五是霍光子孙多为轻狂之人，多不奉公守法，易招嫉惹祸。

南海西樵平沙岛耕读传家国学园

　　纵观霍光的一生，虽不能如周公辅佐成王那样尽善尽美，倒也确实能尽心尽力，秉公治朝治国，许多处理不当的涉及个人的事，未必是霍光原意，且霍光本来也意识到位极人臣的危险，宣帝即位后两年，霍光见宣帝躬谨谦让，也还放心，就自请归政退休，皇帝偏不允许，并且还让众臣凡事先奏请霍光，然后再通报自己。

　　相比于后世曾国藩的急流勇退，霍光显得优柔寡断，使宣帝觉得不自在，霍光显然缺乏韬光养晦的智慧，不能有效教育与约束家族中人，则是其家族败亡的根本原因。

　　我遍寻资料，无法找到霍光为家族制定关于价值观关于行为准则之类带有家训性质的文字，遑论明确而可系统执行的家训。

　　班固在《汉书》中先是肯定了霍光的功绩："霍光受襁褓之托，

任汉室之寄，匡国家，安社稷，拥昭，立宣，虽周公、阿衡何以加此！"然后又指出霍光的不足，"然光不学亡术，闇于大理；阴妻邪谋，立女为后，湛溺盈溢之欲，以增颠覆之祸，死财三年，宗族诛夷，哀哉！"北宋著名史学家司马光这样评论："霍光之辅汉室，可谓忠矣；然卒不能庇其宗，何也？……而光久专大柄，不知避去，多置亲党，充塞朝廷，使人主蓄愤于上，吏民积怨于下，切齿侧目，待时而发，其得免于身幸矣，况子孙以骄侈趣之哉！"苏轼认为："夫霍光者，才不足而节气有余。"

二、三国时期的诸葛亮家族

诸葛亮（181—234），字孔明，号卧龙，徐州琅琊阳都（今山东临沂市沂南县）人，三国时期蜀汉丞相，杰出的政治家、军事家、散文家、发明家。

公元197年，诸葛亮十七岁，便开始了在南阳一带的"躬耕"生活。公元207年，诸葛亮二十七岁，这一年他遇到了生平最大的贵人——刘备。后来诸葛亮在《出师表》提及这段往事："臣本布衣，躬耕于南阳，苟全性命于乱世，不求闻达于诸侯。"

诸葛亮生诸葛瞻的时候，年四十五。诸葛瞻才一岁，诸葛亮又开始北伐中原，去世时，儿子诸葛瞻年仅八岁，可以用来教育的时间实在太短了，所以临终才写下至今仍被传颂的《诫子书》这封家书，成为后世历代学子修身立志的名篇。"夫君子之行，静以修身，俭以养德。非淡泊无以明志，非宁静无以致远。夫学须静也，才须学也，非学无以广才，非志无以成学。淫慢则不能励精，险躁则不能治性。年与时驰，意与日去，遂成枯落，多不接世，悲守穷庐，将复何及！"此外，诸葛亮还留下了一封写给外甥的《诫外生书》"夫志当存高远，慕先贤，绝情欲，弃凝滞，使庶几之志，揭然有所存，恻然有所感；忍屈伸，去细碎，广咨问，除嫌吝，虽有淹留，何损于美趣，何患于不济。若志不强毅，意不慷慨，徒碌碌滞于俗，默默束于情，永窜伏于凡庸，不免于下流矣。"

成都锦里诸葛亮用过的水井

他有两个姐姐，一个嫁给襄阳大名士庞德公的儿子庞山民。诸葛亮非常敬重庞德公，多次上门求教，甚至"独拜床下""跪率益恭"，后来，庞德公也十分器重诸葛亮，称之为"卧龙"，称其侄庞统为"凤雏"。另外一个嫁给中庐县（今湖北南漳县）蒯家大族蒯祺。他的这位姐夫在争战期间被蜀将孟达的部队所杀。诸葛亮的二姐所生子叫庞涣。诸葛亮的《戒外甥书》就是写给他的。诸葛亮在这封信中，教导他该如何立志、修身、成材。

诸葛亮早年无子，要了兄长、吴国重臣诸葛瑾的第二个儿子诸葛乔当养子，诸葛乔在二十五岁上去世。诸葛亮唯一的亲生儿

GENGDU CHUANJIA JIEMI

耕读传家解密

子诸葛瞻，在绵竹关和长子诸葛尚一同战死，诸葛瞻的次子诸葛京活了下来。蜀汉灭亡后诸葛京迁徙到河东，被授予眉县县令的职位，后来做到了江州刺史的位置，之后史书就没了诸葛家的记载。

直至1992年，浙江兰溪诸葛村发现《高隆诸葛氏族宗谱》，诸葛亮的后裔才浮出水面。据家谱记载，自宋代以来诸葛亮后裔一直生活在浙江建德及兰溪一带，有八千余人，多是诸葛亮的弟四十九代和第五十代孙。比较有名的是诸葛村，村中建筑格局按"八阵图"样式布列，一如千百年流传的"功盖三分国，名称八阵图"的名篇。而在白竹村和姜衙村，诸葛亮的后裔和姜维的后裔比邻而居，和睦共处几百年。诸葛亮后人把诸葛亮著作的《诫子书》作为家训，另有《诸葛氏集义堂家训（七条）》和《诸葛氏家规》作为指导。在严格的家族规定下，明清时期诸葛村出过进士五人、举人十一人，正途出身的官吏五十多人，其中，知县十三人，京官及州（府、道）官十人。

诸葛亮教育外甥，外甥庞涣曾官至郡太守；诸葛亮教育儿子，儿子与长孙双双战死沙场，作为武侯诸葛亮唯一的嫡亲儿子，诸葛瞻的才能无法与其父相比，但是在气节上，以身许国，在蜀汉灭亡时留下悲壮的一笔，丝毫没有堕落武侯的名声。此前，诸葛亮和哥哥诸葛瑾通信，认为诸葛瞻比较聪明，但是怕过于早熟，成不了大器，幸好诸葛瞻也算争气，有一定书法绘画才能，十七岁上成为驸马，随即踏入仕途，任羽林中郎将，先后担任射声校尉、侍中等。次孙诸葛京官至刺史，近年发现的《高隆诸葛氏族宗谱》中，明清两代诸葛氏也培养出了不少优秀人物。

但是，放在历史长河里，自诸葛亮至今已近两千年，第三代

诸葛京之后，之所以史料再无其后人记载，原因是在历史上再未出现显赫名声之人，现从族谱发现的诸葛后人仍有不少以进士、举人入仕的例子，但对于一个绵延了近两千年的家族来说，并不十分突出，仍可归入骤兴骤衰家族的范畴。

成都锦里刘备之子刘禅用过的阿斗井

　　诸葛亮本来耕读出身，刘备三顾之地为其耕读之所，这段自十七岁起的耕读经历，对其成长应有较大影响。《诫子书》《诫外生书》固然在家训史上享有名声，然而通读下来，只是侧重于方向上的修身之气节，对于如何处世如何传家并无具体的指引，这点与后世的诸多同样有耕读经历的名相重臣在家训中明确"耕读传家"然后指引了家族持续时间更长的辉煌颇有不同。一个家族，是否能出现长时间的辉煌，固然有着运气等诸多因素，家训的内容、传家的具体方法是否也是其一，则有待深入研究了。

三、宋代晏殊

晏殊（991—1055）自幼聪慧过人，七岁能文，十四岁以神童入试，赐进士出身，命为秘书省正字，迁太常寺奉礼郎、光禄寺丞、尚书户部员外郎、太子舍人、翰林学士、左庶子，仁宗即位迁右谏议大夫兼侍读学士加给事中，进礼部侍郎，拜枢密使、参加政事加尚书左丞，庆历中拜集贤殿学士、同平章事兼枢密使、礼部刑部尚书、观文殿大学士知永兴军、兵部尚书，封临淄公，谥号元献，世称晏元献。

我认为，才华出众的晏殊一生全处于顺境，即使是最低潮时对于时人及后人也算是顺境，是中国历史上最幸运、最幸福的人之一。可惜，其身后，第七子晏几道虽词史上颇有名声，历任颍昌府许田镇监、乾宁军通判、开封府判官等，但性孤傲，中年家境中落；另一儿子晏崇让中了进士；资料显示，侄孙晏升卿，曾孙晏绍休、晏敦复、晏敦临、晏肃中进士，五世孙晏大正为嘉定元年（1208）进士，之后，晏氏后人突出者不多。

有研究认为，晏几道"中年家境中落""每天的生活就是填宕歌词，纵横诗酒，斗鸡走马，乐享奢华，他的六位兄长先后步入仕途，而晏几道过的是逍遥自在的风流公子生活"。"晏几道自幼潜心六艺，旁及百家，尤喜乐府，文才出众，深得其父同僚之喜爱。他不受世俗约束，生性高傲，不慕势利，从不利用父势或借助其父门生故吏满天下的有利条件，谋取功名，因而仕途很不得意，一生只做过颖昌府许田镇监等小吏。""宋神宗元丰五年（1082），监颖昌许田镇。此时颖昌官场上，知府韩维是晏殊的弟子，有着这层特殊的关系，再加上对自己才气的自信，晏几道上任伊始，就大胆给韩维献上了自己的词作。韩维很快给予回复，说你的那些词作我都看了，'盖才有余，而德不足者'，希望你能'捐有余之才，补不足之德'，不要辜负我作为一个'门下老吏'的期望。"十八岁那年，父亲晏殊去世，"树倒猢狲散"，此后家道中落。神宗熙宁七年，晏几道因郑侠上《流民图》反对王安石变法受到牵连，身陷囹圄。出狱后境况日下，四十多岁时才做了小官，晚年甚至到了衣食不能自给的程度。《研北杂志》记载说，苏轼曾对晏几道拒绝慢词、坚持小令的做法十分纳闷。一次，苏轼亲自来拜访晏几道，想和他谈谈心。晏几道从破旧的屋子里踱出来，冷冷地道："当今朝廷高官，多半是我晏府当年的旧客门生，我连他们都无暇接见，更何况你！"掉头回屋。

"家道中落""晚年甚至到了衣食不能自给的程度"，足以证明晏殊身后的儿孙辈窘况，侄孙、曾孙辈稍见起色后，作为一个曾经显赫得"当今朝廷高官，多半是我晏府当年旧客门生"的家族，终于慢慢沉寂于历史长河。

据现在得到的零星片段资料得知，晏殊对子辈的要求是要像自己一样"潜心六艺，玩思百家"，所以培养出了晏几道这样的大词人以及其后的几位进士。诚如前几章节所述，人类自有家庭便有家训，以晏殊这样的才气与太平宰相地位，家训必不可少，然而，家训史上并未留下完整的篇章，就连"潜心六艺，玩思百家"的家训，亦是千难万难搜索得到。

若说晏殊的家训属于"身教重于言教型"，那么，第七子晏几道"每天的生活就是跌宕歌词，纵横诗酒，斗鸡走马，乐享奢华……过的是逍遥自在的风流公子生活"，晏殊不可能看不到，也不可能全然不知，只是仍不能免于常人的"溺爱"通病却苦无良法罢了。

第四节　未兴已衰型——耕读而不以此传家

一、潘安家族

潘安（247—300），即潘岳，字安仁。河南中牟人。西晋文坛三大家之一，被誉为西晋文坛盟主、中国古代第一美男。历任河阳县令、长安县令、散骑侍郎、给事黄门侍郎。

在中国历史上，这是一个特殊的极具传奇色彩的人物，一千七百年之后的今天，仍是一个令女人向往、男人羡慕却是任何了解其结局的人都难免替他惋惜的人。这个人俨然已是中国的一个文化符号，这个人的一生为中国文化史奉献了至少八个典故："貌比潘安""掷果盈车""河阳一县花""金谷俊游""辞官奉母""潘杨之好""连璧接茵""望尘而拜""栽树立誓"。

潘安出身官宦世家，家世颇为显赫。祖父潘瑾曾任安平太守，父亲潘芘曾任琅琊内史，母亲邢氏为曹魏太常邢颙孙女，岳丈是西晋扬州刺史杨肇。家族里，兄长潘释为侍御史、弟弟潘据为司徒掾，堂叔潘勖为东汉东海相，堂兄弟潘满为平原内史，族侄潘尼则官至相当于丞相的中书令，与潘安、潘勖俱以文章知名，并称文学史上的"三潘"。那个科举制度尚未开始需以家世、道德、才能三者并重的九品中正制选拔人才的时代，潘安的家世，同时也是书香门第，传到了潘安，正好可以大有作为，然而，其家族的遭遇却是被夷灭三族，灭族时，仅其弟潘豹的妻女被赦免、侄子潘伯武得以逃脱。

潘安家族在短时间内有兴起迹象，经两代至潘安却突然中断，至今未回昔日高峰，因此归类为未兴已衰型。这个家族传承上出现的问题，是"耕读而不以此传家"。

让我们将视野重点放在以下几件事情上。

（一）潘安之貌

潘安留给后世最深印象的大概是其容貌。在中国社会主流价值观里，作为生命个体，相貌不是最重要的评价标准，但是，魏晋时期劲刮的玄学名士风，造就了属于正面评价的"貌若潘安"一词。其后，这个成语成了中国人对于一个男子外貌最高的褒奖。

据载，十七岁时潘安每当驾车在帝都洛阳城游玩，妙龄姑娘见了，难免怦然心动，有的甚至忘情地跟着他走，因此常吓得潘安不敢出门。有的妇人则以水果向他抛过去，落在车里，造成潘安的车经常满载水果而归，久而久之，于是民间又有了"掷果盈车"之说。这种情况得到多方面印证。南朝宋刘义庆《世说新语·容止》："潘安妙有姿容，好神情。少时挟弹出洛阳道，妇人遇者，莫不联手共萦之。"刘孝标注引《语林》："安仁至美，每行，老妪以果掷之满车。"十九岁那年与同为美男的夏侯湛同游洛阳，无意当中的这一举动，又为中国文化史增添了"连璧接茵"这个成语。

刘义庆为了映衬潘安之美，在《世说新语·容止》里跟着记载了一个男版东施效颦的趣事，"左太冲绝丑，亦复效岳游邀，于是群妪齐共乱唾之，委顿而返"。《晋书·潘安传》记载的则是："时张载甚丑，每行，小儿以瓦石掷之，委顿而反。"左太冲，即后来因《三都赋》造成"洛阳纸贵"、与潘安同为文人集团"金谷二十四友"重要成员的左思，张载则是当时者名的玄学家。

综合各种记载，潘安"顾长而白皙"应是无问题的了，如花一般俊美精致的五官早已变成美男子的评价标准。潘安被认为是中国古代十大美男子之首，成为美男子的代称，"貌比潘安、才比子建、富比石崇""潘安再世""多才夸李白，美貌说潘安""花惭潘安貌"等均是历代对于潘安美貌的赞誉之词，形成了一种文化符号。

（二）潘安之情

潘安和妻子杨蓉姬十二岁订婚，两人相爱终身。潘安五十二岁那年，杨氏不幸早逝。潘安悲痛欲绝，发誓从此不再娶妻，他做悼亡诗三首，寄托哀思。潘安的悼亡诗写得情谊真挚，哀伤缠绵，成为我国文学史上悼亡题材的开先河之作，历代被推为第一。因哀伤过度，潘安原本稠密乌黑的鬓发渐渐被银霜侵染，憔悴不堪。南唐李后主在《破阵子·四十年来家国》所说"一旦归为臣虏，沈腰潘鬓消磨"，"潘鬓"即指此事。当时的文人亦感其情，写道："为结潘杨好，言过鄢郢城。"后世遂将"潘杨之好"列为夫妻恩爱的典范。

潘安小名为"檀郎""檀奴"。因潘安既是美男子，又对结发妻子一往情深，忠贞不渝，即便后来妻子去世，也没再娶，是女性心目中完美的情人、夫君形象，"檀郎""檀奴""潘郎"

遂成为夫君或心上人的代名词。这一称谓寄托着女性对心上人用情专一的热切希望。

（三）潘安之才

1. 文学成就

潘安在文学方面的成就为后人称道，与陆机并称"潘江陆海"，钟嵘《诗品》称"陆才如海，潘才如江"。王勃《滕王阁序》"请洒潘江，各倾陆海云尔。"唐代诗人杜甫《花底》诗有"恐是潘安县，堪留卫玠车"之句。二十岁所作《耤田赋》为歌颂晋武帝司马炎亲耕耤田之事，辞藻清艳，声震朝野。《晋书·潘安传》评价"岳美姿仪，辞藻绝丽，尤善哀诔之文"。他一生写过许多好诗赋，《西征赋》《秋兴赋》《寡妇赋》《闲居赋》《悼亡诗》等都是诗赋中的名篇，至今仍为文学史家所重视。流传后世的有《潘黄门集》。

2. 社会治理才能

任河阳县令时，正是潘安失意之时，但仍想尽办法造福一方。

根据半丘陵地区十年九旱的特点，引领民众在道路两旁、田间地头、农家小院等地方栽上桃李和花卉。满县花果桃李，既美且使当地民众收益颇丰。潘安因被戏称为"花县令"。后遂用"河阳一县花""花县"等咏花，或喻地方之美或地方官善于治理，比如，《全上古三代秦汉三国六朝文·全后周文》卷八《庾信·春赋》："宜春苑中春已归，披香殿里作春衣。新年鸟声千种啭，二月杨花满路飞。河阳一县并是花，金谷从来满园树。"李商隐《县中恼饮席》："若无江氏五色笔，争奈河阳一县花。"白居易《白氏六帖》卷二十一："潘安为河阳令，满植桃李花，人号曰'河阳一县花'。"

为整治民风，潘安巧用"浇花息讼"。他在自己的花园里栽上一行行桃李，又在园内挖了一口浇花井。每天办完公事，就到花园里自己提水浇花。为处理民间斗殴吵架的官司，他专门做了十几只尖底大水桶放在大堂之上。有一次两家邻居因小事大打出手，闹上公堂。潘安给原告一只尖底水桶，给被告一根扁担，一条井绳，让两人去花园浇花。起初两人磕磕绊绊，极不配合。但衙役在　旁监督着，他们也只得互相协作。两人一人汲水，一人穿杠，统一上肩，一致行动。累了半天终于把花浇完。这时两人也没火气了，互相看看，都一脸愧色。再回到大堂上，潘安问："官司还打吗？"二人都说不打了。潘安看他们都没了火气，才开始公平合理划分了责任，做了公正裁决。后来，河阳人为不忘潘县令恩德，便把潘安花园旁的一个小村改名为"花园头"，把花园里那口浇花井改称"潘安井"。

（四）潘安家训

潘安的相貌往往掩盖了人们对他更进一步的认知。由于历史尘埃的覆盖，至今鲜为人知的是，潘安对于家训传承的作用及方法有不少心得体会。

一是家风诗。

全文如下：

绾发绾发。发亦鬓止。日祗日祗。敬亦慎止。靡专靡有。受之父母。鸣鹤匪和。析薪弗荷。隐忧孔疚。我堂靡构。义方既训。家道颖颖。岂敢荒宁。一日三省。

这首诗的大意是，年少时束发，把乌黑浓密的头发束起来，

进入成年人行列。学习各种技能，继承优良家风，为人恭敬谨慎，就像身体发肤受之父母，家族美德要发扬光大。鹤在北山鸣叫，而鹤的子孙如不和鸣，就如折断的栋梁没有担当之力，就说明不能继承发扬家风，内心深感痛苦，无法排解。家族的家风既然已经确定，而且家规严谨，那么，我必须一日三省，随时随地检点自己，岂敢荒废。

"一日三省"，语出子《论语·学而》："曾子曰：'吾日三省吾身。'"最后两句是全诗的亮点，尤以"一日三省"为古今圣贤所必备。

潘安家族属于中等门阀，自汉末到西晋，都以文学名世。潘安是文人，文人的优点是可以把思想以笔呈现。潘安的家风诗就是这样一首寄托着他对家族的期望、对家风传承的要求的家训著作，该著作通过诗的语言，回忆、总结、展示优良家风对自己的影响，赞颂长辈的优秀品德，体现出潘家在玄学盛行、崇尚放达的风气中，仍注重谨守美德，保持着严正的家风。在强调树立良好家风的重要性之余，对家族成员提出了时时警醒、自我完善以使家族发扬光大的内心渴望。

耕读传家历史上，以诗作形式为家训的著作不多，除了王阳明的三字诗《示宪儿》及这首四言诗《家风》之外，此前此后，还有其他的例子，如："子子孙孙，勿替引之（《诗经·小雅·楚茨》）。""螟蛉有子，蜾蠃负之。教诲尔子，式毂似之。夙兴夜寐，毋忝尔所生（《诗经·小雅·小宛》）。""去日家无担石储，汝须勤若事樵渔。古人尽向尘中远，白日耕田夜读书（唐代卢肇《送弟》）。""诗是吾家事，人传世上情。熟精文选理，休觅彩衣轻（唐代杜甫《宗武生日》）。"

由于潘安的文学地位，在其影响之下，魏晋时期之后家风家训著作逐步出现，这也是潘安无意之中为中国家训史所做贡献之一。

二是耤田赋。

全文如下：

伊晋之四年正月丁未，皇帝亲率群后藉于千亩之甸，礼也。于是乃使甸帅清畿，野庐扫路。封人墐宫，掌舍设柢。青坛蔚其岳立兮，翠幕黕以云布。结崇基之灵趾兮，启四涂之广阼。沃野坟腴，膏壤平砥。清洛浊渠，引流激水。遡阡绳直，迤陌如矢。憧幢服于缥轭兮，绀辕缀于黛耜。俨储驾于垒左兮，俟万乘之躬履。百僚先置，位以职分。自上下下，具惟命臣。袭春服之蔓蔓兮，接游车之辚辚。微风生于轻幰，纤埃起于朱轮。森奉璋以阶列，望皇轩而肃震。若湛露之晞朝阳，似众星之拱北辰也。

于是前驱鱼丽，属车鳞萃。阊阖洞启，参涂方驷。常伯陪乘，太仆秉辔。后妃献穜稑之种，司农撰播殖之器。挈壶掌升降之节，宫正设门闾之跸。天子乃御玉辇，荫华盖。冲牙铮枪，绡纨绰绶。金根照耀以炯晃兮，龙骖腾骧而沛艾。表朱玄于离坎，飞青缟于震兑。中黄晔以发挥，方彩纷其繁会。五辂鸣銮，九旗扬斾。琼钑入蕤，云罕晻蔼。箫管嘲哳以啾嘈兮，鼓鞞砰隐以砰磕。笋簴巍以轩翥兮，洪钟越乎区外。震霣填填，尘骛连天，以至乎耤田。蝉冕颎以灼灼兮，碧色肃其千千。似夜光之剖荆璞兮，若茂松之依山巅也。

于是我皇乃降灵坛，抚御耒。坻场染屦，洪縻在手。三推而舍，庶人终亩。贵贱以班，或五或九。于斯时也，居靡都鄙，民无华裔。长幼杂沓以交集，士女颁斌而咸戾。被褐振裾，垂髫总发，蹑踵侧肩，捇裳连襟。黄尘为之四合兮，阳光为之潜翳。动容发音而观者，莫不拚舞乎康衢，讴吟乎圣世。情欣乐于昏作兮，虑尽力乎树蓺。靡谁督而常勤兮，莫之课而自厉。躬先劳以说使兮，岂严刑而猛制之哉！

有邑老田父，或进而称曰：盖损益随时，理有常然。高以下为基，民以食为天。正其末者端其本，善其后者慎其先。夫九土之宜弗任，四人之务不壹。野有菜蔬之色，朝靡代耕之秩。无储稑以虞灾，徒望岁以自必。三季之衰，皆此物也。今圣上昧旦丕显，夕惕若栗。图匮于丰，防俭于逸。钦哉钦哉，惟谷之恤。展三时之弘务，致仓廪于盈溢。固尧汤之用心，而存救之要术也。若乃庙祧有事，祝宗诹日。籍籍普淖，则此之自实。缩郁萧茅，又于是乎出。黍稷馨香，旨酒嘉粟。宜其民和年登，而神降之吉也。古人有言曰：圣人之德，无以加于孝乎！夫孝，天地之性，人之所由灵也。昔者明王以孝治天下，其或继之者，鲜哉希矣！逮我皇晋，实光斯道。仪刑孚于万国，爱敬尽于祖考。故躬稼以供粢盛，所以致孝也。劝穑以足百姓，所以固本也。能本而孝，盛德大业至矣哉！此一役也，而二美具焉。不亦远乎。

思乐旬畿，薄采其茅。大君戾止，言藉其农。其农三推，万方以祗。耦我公田，实及我私。我簠斯盛，我簋斯齐。我仓如陵，我庾如砥。念兹在兹，永言孝思。人力普存，祝史正辞。神只攸歆，逸豫无期。一人有庆，兆民赖之。

此赋所颂的主持者晋武帝与潘安同时代，且此时潘安由于家世及作为皇帝身边的京官，所见所闻入赋中，除了文学修饰部分，其余应较为真实可信。有几方面的史料价值：一、至晋武帝时，亲耕耤田的面积仍是千亩，与明清"一亩三分"地的过于强调象征意义有极大不同；二、亲耕之日，帝王家族参加人员众多，"亲率群后"，说明多位后宫娘娘们也一起出动，与后世诸多朝代皇后仅参加亲桑礼不同；三、仪式上不同；四、对耤田的理解不同，潘安认为的耤田作用是"能本而孝""孝治天下"，既是潘安的个人理解，也应代表着此前及其所处时代不少人的体会。

（五）二十四孝中人

北宋之前《二十四孝》里记载有潘安辞官奉母的故事：荥阳中牟人潘安，字安仁，晋武帝时任河阳县令。他事亲至孝，当时父亲已去世，就接母亲到任所侍奉。他喜植花木，天长日久，他植的桃李竟成林。每年花开时节，他总是拣风和日丽的好天，亲自搀扶母亲来林中赏花游乐。一年，母亲染病思归故里。潘安得知母意，随即辞官奉母回乡。上官再三挽留。他说："我若是贪恋荣华富贵，不肯听从母意，那算什么儿子呢？"上官被他孝感动，便允他辞官。回到家乡后，他母竟病愈了。家中贫穷，他就耕田种菜卖菜，之后再买回母亲爱吃的食物。他还喂了一群羊，每天挤奶给母亲喝。在他精心护理下，母亲安度晚年。诗曰：弃官从母孝诚虔，归里牧羊兼种田；藉以承欢滋养母，复元欢乐事天年。

《二十四孝》是唐宋时民间流传的二十四个远自虞舜近至魏晋的孝子故事，虽然版本众多但都记录了潘安弃官奉母。后来宋人郭居敬重新校订《二十四孝》，由于潘安后来卷入宫廷斗争最终导致夷三族，潘安的母亲以七十余岁高龄也未能幸免，因此虽然潘安至孝但已不足以列入，故把他从《二十四孝》中删去，用宋代的孝子朱寿昌弃官寻母的故事代替。

至此，潘安止步于二十四孝中人。

（六）不能保存家族的原因

由耕读传家原理我们可以得知，长期以耕读熏陶的家族与个人，一般都会呈现沉稳、踏实、感恩、勤俭、正直、富于好奇心、责任感强、心理素质过硬等人格特征。

从以上潘安的人生经历及其家族轨迹来看，潘安在辞官奉母以及任河阳县令期间，耕田卖菜、牧羊植树，且在书香世家成长、母亲教导有方，符合耕读传家之"耕立基、读明理"的条件，然而，仍逃避不了三族被灭致使家族无法保存的结局。

究其因，是未以耕读之前提进行自我完善与家族传承，再加上其他各种偶然因素的综合作用。具体为以下三点：

一是人生过于顺利，以致对自身性格中致命的弱点未能充分认识且未能自我完善。

纵观潘安的一生，总体而言，顺境远大于逆境，尤其性格养成关键时期。少年时，随父宦游河南、山东、河北，青年时期就读洛阳太学，二十余岁入仕，供职权臣贾充幕府，后历任京官。如前所述，十七岁时在洛阳已是"掷果盈车"，诗才受赞。人在年轻时若每天鲜花掌声包围，就算把持得住不致迷失，由于人性里累世累劫的习气使然，极为容易滋生傲气，如此时有才，表现出来的往往是恃才傲物与多言。

这种傲与多言是一种不宽容的痴迷执着，局中人很容易就会被这股力量反噬，有才变为有害。当由于作赋颂扬晋武帝躬耕耤田显露才华被当权者贬为河阳县令时，潘安"负其才而郁郁不得志"。当时任尚书仆射山涛、领吏部王济、裴楷等受宠，潘安很憎恨他们，于是在宫殿大门柱子上写下歌谣："阁道东，有大牛。王济鞅，裴楷鞧，和峤刺促不得休。"于是又被左迁离洛阳更远的怀县做县令。

最后真正致使灭族的是，他的这种傲气与优越感得罪了能致他死地的小人孙秀。年轻时埋下的祸患，终于付出沉重代价。原来当初孙秀不过是个下人小吏，潘安的父亲曾经做过他的上司，当时潘安因为看不惯孙秀为人狡黠，以及能力上的不足，经常鞭挞或耻笑捉弄他。当大形势有变，赵王司马伦因禁晋惠帝自立为帝，孙秀作为亲信当上宰相之后，终于逮到机会罗织罪名说他和石崇要和某王爷一起造反，于是潘安和石崇等人被诛灭三族。当初孙秀当上宰相，潘安同朝为官，在朝堂上遇见他，问道："孙令犹忆畴昔周旋不？"孙秀回答："中心藏之，何日忘之！"足见当初潘安对发迹前的孙秀造成的伤害。对于潘安家族而言，不幸的是，潘安得罪的这个孙秀恰好是一个有仇必报的小人。如果在孙秀刚为相之时，潘安意识到危险，放下身段上门低头认错或做其他能使孙秀释怀的举措，也许还有挽回的余地。

咸丰八年，大儒曾国藩给曾国荃的信中说："古来言凶德致败者约两端：曰长傲，曰多言。丹朱之不肖，曰傲曰嚚讼，即多言也。历观名公巨卿，多以此二端败家丧生。"曾国藩在这里指出了许多人的两大凶德和弱点——傲慢和话多。曾国藩后来又说，"天下之才人，皆以一傲字致败；人一旦有了傲的心，必然会在各个方面放松警惕，祸乱、失败也必然接踵而至。傲是自取灭亡之道，所以古人说骄公必败。"在西方，莎士比亚在作品里间接表达了自己的观点："一个骄傲的人，结果总是在骄傲里毁灭了自己。"一个高傲的人，必然不能容忍别人，无法处理好人际关系。王阳明关于傲，也有自己的体会，"故为子而傲，必不能孝；为弟而傲，必不能弟。"

二是对特殊时代背景之下的安身立命难题未引起足够重视。

汉末魏晋南北朝时期是中国历史上最混乱的时代之一，这个时代偏偏又是最富于艺术精神的一个时代，但这个时代具有明显的不确定性。

潘安正如他所处的时代一样，是个矛盾集合体，后世历来对他评价有正负两面。从正面看，他英俊有才气，但从负面看，论者认为他"性轻躁，趋势利"，对权势方面欲望过于强烈，有时赤裸裸地不择手段。

我认为"性轻躁，趋势利"之类的评价未必符合潘安的真实状况，以其出身及学识，要求上进原本无可厚非，在潘安、石崇被灭族之后，人们造出"望尘而拜"的成语来形容、耻笑当年"金谷俊游"诸人，认为他们趋炎附势。其实，贾谧其人好学，有才思，被人称文采可与西汉贾谊相比，石崇也是有才之人也被称为文学家，这些人尽管存在种种个人的瑕疵，却非如何不堪之人，与后世胸无点墨的暴发户毕竟不同。在那个时代，要么如竹林七贤般不合群，要么若即若离，要么与志同道合者一起前进，不可能有第四种选择。

当初作为"金谷二十四友"围绕在外戚贾谧身边，且与劬商致富后穷奢极欲的石崇为朋之时，潘安的母亲经常劝他不要趋附不已，他虽然口头受教，实际上却始终无法舍弃，内心认为不会有大的问题，更多体现出来的是过于自信的过失。从其在河阳令上的作为，以及史书并无称得上劣迹的记载来看，"赤裸裸地不择手段"这种评价未免过重，甚至是"成王败寇"价值观下的产物之一。

潘安身上的名士习气不算太重。当时官场上官分清浊，所说的"清官"，与后世包拯、海瑞所代表的那种清官定义不同，是指那些位高权重又很少日常杂务的官，还有官位不高但尊贵并易升迁的官；"浊官"是日常事务多的官。高级世族垄断了"清官"名额，贵族名士即使做了"浊官"，也以不喜欢或不亲自处理日常公务相标榜。潘安大部分时间做的都是"浊官"。县令也是比较忙的"浊官"，后来调回朝廷，做的度支郎是财政官，廷尉评是司法官，都是事务官。

例如，任度支郎时，相关机构挖地基挖出了一把古尺，尚书郎挚虞上奏，现行的尺度比古尺长，应以古尺为准。潘安和挚虞辩驳，说以为现行尺度习用已久，不宜再改，挚虞未免迂腐。潘安的意见是更切合实际的。

西晋士人群体，为求保全自己，"在行为上是不婴世务，在职而不尽责"。正像柏杨在《中国人史纲》中所说的："所有行政官员以不过问行政实务为荣，地方官员以不过问人民疾苦为荣，法官以不过问诉讼为荣，将领以不过问军事为荣，结果引起全国性空前的腐烂。"包括竹林七贤入晋者，也多有这种心态。向秀入晋后，"在官不任职"，不干活。阮咸也是天天只知道和亲友弦歌酣宴，比较起来，潘安还是踏踏实实做了一些实际工作。

潘安的族侄潘尼，则是位自全心态的典型人物。潘安与潘尼，虽是叔侄，但"义同诸父，好同朋友"，而且，俱以文章名世，官场之上，两人表现迥异。诸王争权，朝廷风云变幻，潘尼位居显要，既不赞成什么，也不反对什么，既不树立什么，也不废除什么，"从容而已"。他的"从容和忧虞不及"，不过是在职而不尽责，于国之安危毫不系念的一种婉转说法而已。潘尼有一篇《安身论》，开头便是"盖崇德莫大乎安身"，说安身自保是士

人首要大事。灭三族，而潘尼最终得以置身事外。

明末清流张溥在研究了潘安和潘尼的生平和创作后，对二人生前命运和身后声名的巨大反差深感不平，感叹万分地发议论说："存没异路，荣辱天壤。逃死须臾之间，垂声三王之际。至今诵《闲居》者，笑黄门之乾没，读《安身》者，重太常之居正。人物短长，亦悬祸福，泉下嘿嘿，乌谁雌雄？"

其实在公元300年潘安出事之前，已收到一次应引起足够警醒的信号。潘安做得有声有色、政绩斐然，朝廷提调他回京城做财政部官员，后来因为犯事被免职，不久被太傅杨骏引入门下做了太傅主簿。后来太傅杨骏被害夷三族，潘安作为幕僚原在被诛之列，幸亏当时他公事在外又有当权者楚王的心腹、他的好友公孙弘替他说话。这是潘安于河阳任上积下的福德，曾在公孙弘贫困潦倒时施以援手。此劫过后，潘安被外放为长安县令，因为母亲生病辞官。

原本潘安在闲居期间，半耕半读，运用智慧审时度势，不勉强进取，不在回京后与大靠山贾谧来往过密，应是另外一番局面。而此时，情况更为复杂，潘尼、公孙弘纵想出面，亦已于事无补。

三是书香门第未来得及完成向耕读传家方向转变。

奇迹至少没有在公元300年的那一天降临到潘安家族身上。

章仔钧的章氏家训出来之前，中国主流的家族传承类型还是诗书传家，或说是诗礼传家，因为读诗书可以明理，理包含着礼，所以诗书传家与诗礼传家重合为一种类型，在表述时可以根据需要转换，为免混乱，统一采用"诗书传家"。

在"士农工商"文化位阶盛行的两千多年时间里，由于"士"的最高位阶所起的示范作用，那时的书香门第如只有读而无耕的经历，是不会体会到耕读对于个人与家族的好处的，只会往读书入仕的方向走，即告诫子孙"好好读书想办法当官"，因为有些大户人家以书香门第为荣，未体会到耕读人家也是书香门第的一种表现形式，往往以为以读入耕或半耕半读会拉低了自

画家刘付忠富为本书创作的配图

己世家大族的档次，不少只耕不读的小户人家则期望离"农"向"士"，因为"农"只是第二位阶，是要比"士"略低的。直到"先天下之忧而忧"的范仲淹及其所辅助的帝王宋仁宗出现，"农"的位阶往前挪了一小步，在其后的时代里，甚至经常可与"士"持平。"农"进入文化位阶第一梯队的划时代意义，从两宋的各方面鼎盛可以找到不少依据，同时，使耕读传家成了家风家训的主流。

所以，作为耕读传家研究者，我时常庆幸，我们的国家在一千年前就出现了宋仁宗与范仲淹这样能通过顶层设计推动耕读传家的先贤。到清代，信奉践行耕读传家且受益于此的曾国藩、左宗棠，纷纷在家书等家训载体中告诫子侄兄弟，"凡人多愿子孙为大官，余不愿为大官，愿为读书明理之君子也"，在曾国藩看来，富贵功名，皆是命定，半由人力，半由天命，而作君子圣贤，则可以通过自己的不断修炼而实现。

然而，公元250年前后已进入中等世家门阀的潘安家族，作为书香门第，家族里多名成员入仕，从祖父潘瑾任安平太守起，盘根错节，从其辞官期间需耕种卖菜而不是自耕自吃这一点，结合魏晋时期田禄为官员"基本俸禄不足以代耕的补充"（曹文柱：《东晋南朝官俸制度概说》《北京师范学院学报》，1986年第1期）进行分析，潘安家族是没有多少私田的，亦即家族收入主要依靠官俸。由于家族多年以读书入仕为整体目标，而潘安出生前其祖、父两代正是战事频仍、民众流离失所的三国时期，基本上可以断论这个家族不具备耕读所需要的耕地，即使是有，数量也极少。这就可以较好地解释潘安闲居期间耕种卖菜的问题。亦即，潘安被灭三族之前数十年间，家族并无耕读传统。

潘安名篇《闲居赋》写于公元296年，时年五十岁。正是短暂的辞官奉母耕读期间。奉母至孝与其在二十岁时所作《藉田赋》表达的帝王藉田即耕田可"致孝"的观点相当一致。

一直只在家风家训领域受到关注的《家风诗》，写作的具体时间尚无法确定，但有些迹象可寻，此诗为唱和好友夏侯湛关于《诗经》"笙诗"补缀成篇作品而作，潘安与夏侯湛一起活动产生"连璧接茵"典故时间约为潘安十七岁出游洛阳时期，而夏侯湛于291年去世，此时的潘安尚未辞官，因此可推断《家风诗》作于其耕读之前。

中国家训史上第一首以家风为题目、体裁为诗歌的家训著作，就这样在公元254年至291年之间诞生了。

在耕读传家史上，《家风诗》只是提到了家风传承的必要性、族人应将良好家风传承下去的期望，以及表达了自己传承家风的决心，提出的传承方法是"一日三省"。很遗憾，这"吾日三省吾身"的做法并非具体可供量化、系统性执行的制度或方法，甚至连类似于每天要读多少本书要做其他什么具体的事以保障有效传承的表述都没有，亦即该诗停留在文学作品阶段，主要作用是抒发感情、提醒传承。因此，这部家训著作的积极意义与缺点，与王阳明的三字诗《示宪儿》相类。

《家风诗》之后，潘安再无家训类的著作，他早年的《藉田赋》记叙与赞叹的是帝王家族的耕与读，与其所在家族并无直接关联。

因此，潘安家族曾有耕读经历与体会，却不以此传家，在家族传承类型上仍属于诗书传家。

尽管耕读传家的作用并非万能，不应被无限放大，但至少后世一千多年来被无数事例证明为较好的传家方法。

如果公元300年前，潘安及其家族有更为充足的时间进行耕读实践与体悟，也许会如后世的章仔钧、曾国藩、左宗棠等人，对"士农工商"文化位阶有更多理解，对自我人生追求、对族人入仕的要求、对家族传承有更多审时度势下的选择，那么，这个家族也许一切都会不同。同样地，以潘安之才及其对家风家训家族传承的理解，也许类似于《颜氏家训》与《章氏家训》这样影响更深远的家训著作会提前出现，从而改写中国家训史，耕读传家史也将因此改观。

二、陶渊明之后的陶氏家族

陶渊明（365—427），字元亮，又名潜，世称靖节先生。浔阳柴桑（今江西九江西南）人。东晋末至南朝宋初期伟大的诗人、辞赋家。曾任江州祭酒、建威参军、镇军参军、彭泽县令等职，最末一次出仕为彭泽县令，八十多天便弃职而去，从此归隐田园。被称为汉魏南北朝八百年间最杰出的诗人，诗作今存一百二十五首，多为五言诗。从内容上可分为饮酒诗、咏怀诗和田园诗三大类。是中国第一位田园诗人，被称为"古今隐逸诗人之宗"，著有《陶渊明集》。

陶渊明曾祖父陶侃为东晋一代名将，一度手握军队重权，都督八州军事，祖父陶茂做过武昌太守，父亲陶逸曾任安城太守，陶渊明的母亲是东晋名士孟嘉的女儿。尽管出生于官宦家庭，曾祖因功升至侍中、太尉，但在东晋门阀制度中，根基不深时间亦短，与当时山东琅邪王氏、河南陈郡谢氏、安徽谯国桓氏、河南颍川庾氏等世家巨室相比，至陶渊明时，仍是相距其远。以琅邪王氏为例，东晋时做到五品以上的有一百六十一人，其中一品大员达十五人，在整个中国古代，能与山东琅邪王氏相媲美的，唯有曾出过宰相五十九人、将军五十九人的山西闻喜裴氏家族。陶氏起于贫寒而能冲破门阀制度的限制已属难得，还称不上望族，因此，陶渊明之后的陶氏家族较为沉寂，从传家类型角度划分，归类为未兴已衰型。

陶渊明喜欢吟诗作赋，经常邀请气味相投的文友推杯换盏、吟诗对赋。如此竟养成嗜酒癖好。据说"陶醉"一词就是由陶（渊明）醉（酒）而来。

陶渊明有五个儿子，分别为陶舒俨、陶宣俟、陶雍份、陶端佚、陶通佟。在他眼里，五个儿子都不成气候。他在《责子》一诗中写道："白发被两鬓，肌肤不复实。虽有五男儿，总不好纸笔。阿舒已二八，懒惰故无匹。阿宣行志学，而不爱文术。雍端年十三，不识六与七。通子垂九龄，但觅梨与栗。天运苟如此，且进杯中物。"大意即是他这几个孩子，老大懒惰，老二厌学，老三老四都十三岁了还不识数，老五马上就九岁了整天就知道玩梨和栗。

陶渊明《责子》诗不无戏谑成分。这位深深影响着中国文学史的大诗人，曾留下不少家训之语，从中可以看出对子孙的殷切期望。当年，陶渊明到彭泽当县令时，家里劳动力缺乏。为此，他请了一名劳力，帮助儿子料理砍柴挑水之类的杂务，同时给儿子写了一封简短的家书："汝旦夕之费，自给为难。今遣此力，助汝薪水之劳。此亦人子也，可善遇之。"意思是说，每天的生活开销，靠你一个人很难应付。现在我请一名劳力回家，让他帮你做些砍柴挑水的力气活。但他也是别人家父母养大的孩子，你要好好对待人家啊。另一封家书《与子俨等疏》则告诫子孙要和睦，"汝等虽不同生，当思四海皆兄弟之义"，要重德修身，以圣贤为榜样，"虽不能尔，至心尚之"。

然而，公元427年之后，陶渊明一脉后人，尽管杰出者不少，但以同样绵延千年的其他家族进行横向比较，在历史上产生较大影响的人物确实不算多。

数据如下："据《陶氏史记》记载，唐宋以来，浔阳陶氏考取进士者共七十五人，文武举人者约一百八十二人，他们继承先祖遗风，廉洁为官，谨守法度，赢得后人的景仰与赞誉。"与陶渊明不同的是，其子孙后代鲜少文人墨客，却多武将。

总体而言，陶氏家族为社会奉献了不少人才，追溯起来，很大程度上得益于陶侃的母亲，这位伟大的母亲就是被称为古代"中华四大贤母"之一的湛氏，她的故事被载入《晋书·列女传》。这里有两个有名的家训故事。一是"截发延宾"。说的是风雪之夜，来了客人，但家里一贫如洗，没有什么可以招待客人的，于是湛氏就铡碎睡觉用的草垫子，拿来喂客人的马，又暗中把头发剪下来，卖给乡人，置办菜肴，招待客人。二是"封坛退鲊"。她的儿子做小官时，分管渔业，有一次，儿子托人把一坛公家的腌鱼送给母亲。湛氏问明情况后，原封不动退回，并附上书信说："你身为官吏，本应清正廉洁，却拿官家的东西送给我，这样不仅对我没好处，反而增加了我的忧愁啊。"其后陶氏家训形成，共二十条一千三百余字，包括诚修身、择交游、守廉洁、孝人子、正伦纪等内容，以"贤"和"廉"为精髓。"不学刁诈之术，不交无益之朋"，继承了陶母结交贤友的主张；"修身不可不诚""法度不可不守"，继承了陶母"廉洁奉公、谨守法度"的教导；"昔侃公为刺史时，尚惜分阴，则游惰辈，实不肖之尤"，则把陶侃珍惜光阴、勤勉努力的人生实践转化为对后世子孙的明确规劝。按现有资料综合比对，应是出自《光绪丙午浔阳陶氏俨公支派宗谱·祖训遗规》，正式成文时间为清末。

探究耕读传家对于家族传承的影响，之所以在未兴已衰类型里选取陶渊明家族作为例子，是因为陶氏家族自陶渊明之后，确实出现了好家风得以传承但家族却近于沉寂的状况，有其代表性意义。这固然没打破凡事有盛必有衰的事物发展规律，固然有门阀世家自东汉兴起至隋唐实行科举制后没落的历史原因，固然有陶渊明生逢乱世的因素，固然与陶渊明追求超然世外的价值观有关，但矛盾之处在于，陶渊明确实不止一次向子孙提出了期望与教诲，成文家训传承了其高祖母、曾祖之风，耕读文化原本深深影响了中国文化的方方面面，耕读传家被后世诸多事例验证有效，陶渊明更是中国历史上最典型的耕读文化实践者之一，而恰在此时却出现类似于分水岭的现象。

至此，需要引发我们思考的是，家风是否属于"道"的层次，一个家族要得到更好的传承与超越前人，也许还需要一定的传家之法，即"道佐以技"方为稳妥。陶渊明耕读多年，在家族传承方法上，采用的是道德传家，由于道德传家相对空泛不易体悟执行的特性，与耕读传家在知行合一保障力度上存在的不同，导致了传承效果上的差异。

三、辛弃疾家族

辛弃疾（1140—1207），原字坦夫，后改字幼安，号稼轩，山东东路济南府历城县人。南宋豪放派词人、将领，有"词中之龙"之称。与苏轼合称"苏辛"，与李清照并称"济南二安"，是中国文学史与耕读文化绕不开的标志性人物之一。辛弃疾生于金国，少年抗金归宋，曾任江西安抚使、福建安抚使等职。著有《美芹十论》《九议》，条陈战守之策。由于与当政的主和派政见不合，后被弹劾落职，退隐山居。

这个家族从中国家训史上的整体表现而论，属于未兴已衰型。

淳熙七年（1180），四十一岁的辛弃疾再次任隆兴（南昌）

知府兼江西安抚使时，拟在上饶建园林式的庄园，安置家人定居。淳熙八年（1181）春，开工兴建带湖新居和庄园。他根据带湖四周的地形地势，亲自设计了"高处建舍，低处辟田"的庄园格局，并对家人说："人生在勤，当以力田为先。"因此，他把带湖庄园取名为"稼轩"，并以此自号"稼轩居士"。并且他也意识到自己"刚拙自信，年来不为众人所容"（《论盗贼札子》），所以早已做好了归隐的准备。果然，同年十一月，由于受弹劾，官职被罢，带湖新居正好落成，辛弃疾回到上饶，开始了他中年以后的闲居生活。此后二十年间，他除了有两年一度出任福建提点刑狱和福建安抚使外，大部分时间都在乡闲居、且耕且读。淳熙十五年（1188）冬，其友陈亮从故乡浙江永康专程拜访辛弃疾，两人长歌互答，称第二次鹅湖之会——辛陈之晤。鹅湖之会后又出山两次做官。绍熙五年（1194）夏，辛弃疾又被罢官回上饶，住在瓢泉，动工建新居，经营瓢泉庄园，决意"便此地、结吾庐，待学渊明，更手种、门前五柳"。庆元二年（1196）夏，带湖庄园失火，辛弃疾举家移居瓢泉。辛弃疾自此在瓢泉过着游山逛水、饮酒赋诗、闲云野鹤的村居生活。瓢泉田园的恬静和村民的质朴使辛弃疾深为所动，灵感翻飞而歌之，写卜了大量描写瓢泉四时风光、世情民俗和园林风物的诗词。《临江仙·戏为期思詹老寿》《浣溪沙·父老争言雨水匀》《玉楼春戏赋云山》等，都是辛词中描写瓢泉村居生活的代表作。"青山意气峥嵘，似为我归来妩媚生"（《沁园春·再到期思卜筑》）；"我见青山多妩媚，料青山、见我应如是。情与貌，略相似"（《贺新郎·邑中园亭》）。

辛弃疾是在中国历史上少有的以文武双全著称的作家。辛弃疾在金统治区率领两千人加入义军耿京队伍。耿京派辛弃疾南下与宋政府联络，宋高宗接见了辛弃疾。辛弃疾带着南宋政府发给耿京的节度使印信回去复命，途中听说叛徒张安国杀死耿京投降金人，辛弃疾率领五十名骑兵，直闯五万人金营，生擒张安国，交南宋政府处死（朱熹《朱子语类》）。《练民兵守淮》《美芹十论》《九议》体现着辛弃疾卓越的军事思想，没有被采用，最终"却将万字平戎策，换得东家种树"。

辛弃疾九子二女，见于清代辛启泰编的《辛稼轩年谱》，邓广铭先生于20世纪30年代末亦作《辛稼轩年谱》，于辛弃疾后裔的记述，皆本之于辛启泰所编《年谱》，而稍有增益。2006年，辛弃疾家世研究取得了新的突破。一是发现了载有辛弃疾后裔的《菱湖辛氏族谱》，一是出土了辛弃疾的孙子辛鞬的墓志铭，即《有宋南雄太守朝奉辛公圹志》。

辛弃疾晚年为了恢复中原，曾在一定程度上支持韩侂胄对金用兵，但他又切实反对韩侂胄的浪战，并且又没有参与开禧北伐的决策和实施。所以，史弥远通过杀害韩侂胄取得对南宋政权的决断地位后，在清理韩侂胄党羽的过程中，也对辛弃疾进行了弹劾。臣僚们的弹章全文虽未保存下来，但弹劾者倪思的墓志铭却记载道"公又言辛弃疾迎合开边，请追削爵秩，夺从官恤典"。宋廷大概是按照倪思的意见对辛弃疾实施了剥夺遗恩的惩处。所以，嘉定间，辛弃疾第五子辛穰才奔走呼吁，要为其父雪冤。但无论如何，辛弃疾卒后估计只是剥夺了特赠的四官及生前的龙图阁待制、历城县开国男职名爵位，其一子的荫补资格，并且在国史的本传及《韩侂胄传》中写入辛弃疾迎合开边的内容，不可能采取抄家或危及子女生存的举措。

辛弃疾在世时，受到当权者的排斥，被废置上饶农村长达二十年，因此其诸子的宦途受到很大的影响。特别是其长子次子，与其他诸子年龄相差太大，所受影响也就更为突出。当辛弃疾在光宗绍熙间出任闽帅时，其长次子即提出买田置地的要求，受到其父的斥责。辛弃疾特作《最高楼》词，在序中说："吾拟乞归，犬子以田产未置止我，赋此骂之。"下片更写下了"千年田换八百主，一人口插几张匙？咄豚奴，悉产业，岂佳儿"的句子。绍熙五年，辛弃疾次子辛稇已年三十六岁，而其三子辛却仅有十四岁，显然，被辛弃疾所斥骂的犬子，只能是其长子和次子。辛弃疾去世后，其诸子荫补入仕的资格被剥夺，使其长次子更受打击，加以其三子以下，皆辛弃疾二娶和三娶的夫人范氏、林氏所生。范氏虽亡，而林氏尚在，诸子必因财产等矛盾不能解决，遂导致分裂，迫使其长子次子外迁，激愤不已，乃产生易姓之事。这虽然全是推理得出的结论，但我想，在前二说既不能自圆的情况下，这恐怕是今日我们所能做出的唯一较为合理的解释了。

辛弃疾波澜壮阔的一生充满着离奇曲折、怀才不遇。"吾衰矣，须富贵何时？富贵是危机。暂忘设醴抽身去，未曾得米弃官归（《最高楼·吾衰矣》）。"拟请求辞官归隐，但儿子以田产还没置办为由不让辞官，于是写了这首词，顺便告诫儿子"富贵是危机"。"历代官吏俸禄之厚莫过于宋朝，执行高薪养廉制度的就是宋朝。宋代官俸制度十分混乱，官员无实职者可以领俸，有实职者则可以另加钱。除正俸外，还有服装、禄粟、茶酒厨料、薪炭、盐、随从衣粮、马匹刍粟、添支（增给）、职钱、公使钱及恩赏等，地方官则配有大量职田。"如此优厚的待遇，足以使辛弃疾一家有条件过着奢侈的生活，何况还能分配到职田？因此，词中所说的"富贵是危机"不妨看作是对儿女的教育，此词可列为家训词。

关于辛弃疾后人的研究，直到2006年才有新的突破，"五子辛穰仕至承务郎，八子祎褒，黄朴榜及第，仕从仕郎、平江府司户"。由此可知，辛弃疾一脉下来的辛氏家族，进入仕途、进士及第或文才出众的后代子孙在数量上与影响力上均不突出，尽管由于被当权者排斥以及韩侂胄事件导致诸子仕途受到一定阻力，但阻力不大，主要影响在于长子荫补入仕资格被取消，五子八子照样还是通过自己的努力入仕、中了进士。

辛弃疾人半生在自己的庄园、田地上且耕且读，雇人耕种或偶尔下田，"待学渊明"（《洞仙歌·飞流万壑》），自号"稼轩"，虽是表明归隐心迹，终其一生，是"身在乡野心在庙堂"的，与陶渊明的真正隐居却是不同。以诗词创作影响中国文学史这一角度，都是中国耕读文化的受益者，为中国文学史之幸。而其家族后代整体影响力不大。

究其因，受耕读之益而始终未以"耕读"作为传家之法，应为其一。

四、王阳明家族

王守仁（1472—1529），浙江绍兴府余姚县人，幼名云，字伯安，号阳明子，世称阳明先生，故又称王阳明。

中国明代著名的思想家、哲学家、文学家和军事家。陆王心学之集大成者，非但精通儒家、佛家、道家，而且能够统军征战，是中国历史上罕见的全能大儒。弘治十二年（1499）进士，历任刑部主事、贵州龙场驿丞、庐陵知县、右佥都御史、南赣巡抚、两广总督等职，晚年官至南京兵部尚书、都察院左都御史。因平定宸濠之乱军功而被封为新建伯，隆庆年间追赠新建侯。谥文成，故后人又称王文成公。其创立的王阳明心学，是明代影响最大的哲学思想，传至日本、朝鲜半岛以及东南亚，集立德、立言、立功于一身，成就冠绝有明一代。

王阳明去世四十年之后，追赠其为新建侯的明穆宗评价道："两肩正气，一代伟人，具拨乱反正之才，展救世安民之略，功高不赏，朕甚悯焉！"

梁启超认为："阳明是一位豪杰之士，他的学术像打药针一般令人兴奋，所以能做五百年道学结束，吐很大光芒。"按日本汉学家高濑武次郎的说法，王阳明对日本近一百多年来的强盛起着至关重要的作用："我邦阳明学之特色，乃至维新诸豪杰震天动地之伟业，殆无一不由于王学所赐予。"

国际上享有盛誉的当代日本著名阳明学家冈田武彦在文章中这样写道："修文的龙场是王阳明大彻大悟，并形成思想体系的圣地……阳明学最有东方文化的特点，它简易朴实，不仅便于学习掌握，而且易于实践执行。在人类这个大家庭里，不分种族，不分老幼，都能理解和实践阳明的良知之学。"

历史学家钱穆则这样赞誉王阳明与他的学说："阳明思想的价值在于他以一种全新的方式解决了宋儒留下的'万物一体'和'变化气质'的问题……良知既是人心又是天理，能把心与物、知与行统一起来，泯合朱子偏于外、陆子偏于内的片面性，解决宋儒遗留下来的问题。阳明以不世出之天姿，演畅此愚夫愚妇与知与能的真理，其自身之道德、功业、文章均已冠绝当代，卓立千古，而所至又汲汲以聚徒讲学为性命，若饥渴之不能一刻耐，故其学风淹被之广，渐渍之深，在宋明学者中，乃莫与伦比。"

综观王阳明的一生，他以实际行动打破了中国千年来只注重理论，而忽略的实践的弊端，将"知"和"行"以一种近乎完美的方式融合在一起，并且以身作则，告诉世人这是完全有可能实现的，可以说，他改变了几千年来中国文人和武人的处事方式，他也凭借着自己的这个贡献，影响了后来无数的中国人，尤其是精英分子。

正因为如此，更令人感叹与遗憾：王阳明刚去世，两个儿子就在"有关财产与官袭的问题起了争执"。

王阳明与妻子诸氏结婚后一直没有子嗣，在他四十四岁时候，便把堂弟王守信八岁的儿子过继到自己名下，取名"正宪"。虽不是亲生，但是王阳明对这个养子一直都很好，即便常年在外，也常常委托自己的学生进行教导。诸氏死后，继娶张氏。嘉靖五年（1526），也就是王阳明五十五岁时，张氏为其生下了一个儿子。晚年得子的王阳明非常喜欢，为儿子取名"正聪"，希望他能够聪明睿智。然而，此时至1529年王阳明去世相距仅三年，且王正聪出生次年王阳明便奉命出征广西，两年后取胜、辞职，最终病死在回家的途中。

王正聪的出世，使此前备受宠爱的王正宪感到了失落，他的亲生父母也为此起了担忧。王阳明生前对于家中的这种矛盾早有所知，所以临死前十分担忧张氏和正聪孤儿寡母难以立足，于是委托自己的学生为其家产进行分家，并且照看儿子正聪，他的学生们还专门为此成立了一个机构来处理这些问题。期间王阳明学说被批为伪学，直到四十年后的隆庆年间，得以平反，大放异彩。关于新建伯这个爵位的争夺，最后以正忆（改名后的正聪）袭得而终止。（宿奕铭：《王阳明全书》，中国华侨出版社）

如果王阳明不是被迫亡命天涯、躲过宦官刘瑾所派杀手在杭州的追杀顺利抵达贬谪地贵州龙场，也许中国哲学史、教育史上将不会有王阳明的一席之地。但是，尽管如此，来到龙场之后的王阳明，如果只是安于在自己寻到并命名为"阳明小洞天"的石洞中与三位仆从居住，在履行龙场驿丞这个不入品的小吏一职时对天地人生没有参悟，也必然没有后来著名的"龙场悟道"。其心学思想体系形成的其中一个关键路径，就是"耕读"！

更应为后世深感痛惜的是，王阳明心学的形成主要得益于耕读，但从1506至1507年之间于谪所悟道至1529年去世的二十三年之中，却未以耕读进行传家，尽管此时，章仔钧提出的耕读传家已历六百多年，且经过宋仁宗时期之后耕读传家在庙堂与民间已被作为家族传承的有效方法蔚然成风，且章仔钧家族到了王阳明时代仍然是辉煌无限、家道兴盛的天下名门望族。出生书香门第、父亲王华身为状元且在宦海沉浮多年的王阳明不可能不知；创立与践行"知行合一""致良知"，讲究家训专门为教育养子王正宪写下家训名篇《示宪儿》的王阳明，对此不可能不有所感触；对耕读传家的本质是道德传家、是有知行合一致良知之实未有知行合一致良知之名的方法不可能没有横向对比。但是，王阳明却终其一生，与耕读传家擦肩而过，以致《示宪儿》只停留在他希望家人对正宪严加教训，读书学礼，从心地开始，以德行着手，将儿子培养成为良士的美好愿望，以致年已二十四岁早有自己主张、身为养子的王正宪在王阳明刚去世就与四岁的弟弟正聪争夺遗产与可袭继的爵位，这一争，就是四十年。丝毫看不出良知在其身上所起的作用，丝毫没有乃父之风。而此后王阳明家族在中国历史上至今沉寂，与此旷日持久的遗产争夺战不无关联。上行下效，家无宁日，岂有家道兴旺之理？能引导天下无数人知行合一致良知，甚至使三百年之后的日本因此而强盛的王阳明，应是始料所未及。王阳明之后的五百多年，由于王阳明声誉日隆，中国传统上的为尊者讳，王阳明家族里的这点憾事几乎不为人所知。

王阳明常年在外，对王正宪的教育，则只好委托了告老还乡的老父亲、妻子、学生及其生身父母，言传但无法身教。隔代教育难以避免宠溺弊端，在没有证据证明王正宪仍沿袭着自王阳明祖父王伦以来"半耕半读"的家风的前提下，我们不难想象以上种种状况对于王阳明《示宪儿》家训效果的不断消解。同样地，因处于婴幼儿时期不可能得到父亲教诲看到乃父亲身示范的王正聪，自出生起就在父亲光环之下，却在四岁上被动陷入遗产争夺战及被迫离乡前往南京过了相当长时间寄人篱下日子，对于家训，定然没有过多体会，更多的是凄惶的无家之感。

王阳明心学的本质是教育，以王阳明在中国哲学史、家训史、教育史上及世界范围内的巨大影响，出现这种情形，不妨以一句话概括之：世界阳明，自身光明，而灯下黑。实为家训史上最令人痛心之事。同时，也需要我们重新审视王阳明心学。

综观整个王阳明心学，"致良知"无疑是最重要的部分，发展到后期，当理论体系越来越完善，晚年的王阳明只讲"良知"，而将"致"去掉，到了这个时候，可以说是王阳明真正建立了心学。关于良知，王阳明认为，在我们每一个人的心中都有一个对善恶的区分，这个区分就是良知。多年来百死千难的经历最终让王阳明悟出了圣人的根本，他强调良知是每个人生来就具有的，且是永远存在的，不需要通过后天的学习，所以说良知就是我们的本心，也是我们为人的根本。（宿奕铭：《王阳明全书》，中国华

侨出版社，2014）

这个"良知"，在王阳明看来，是生命的本源，是存在于人心灵当中的天地万物的纲，放在现实生活中来说，我们做的任何一件事情都是要遵循自己内心的良知。不过这个付诸实践的过程总是会受到外界事物的打扰，只管满足和追逐欲望，那么本质就会被掩盖，人的生活就偏离了良知这个根本，人也不能被称为完整的人。王阳明认为良知是本体，致良知是功夫，这个功夫不仅要求自觉地去意识良知作为本体的存在，还要将良知在生活当中表达出来，回归到良知本身，返回本心。没有了私心杂念，自然就能区分什么是善，什么是恶，什么是对，什么是错，生活会变得美好，生命也会因此而焕发华彩。（宿奕铭：《王阳明全书》中国华侨出版社，2014）

这个良知，听起来是否似曾相识？佛家禅宗中，六祖慧能在承接衣钵匆匆南下之前的那个白天，写下佛偈"菩提本无树，明镜亦非台。本来无一物，何处惹尘埃！"这是慧能初悟时的境界，还不是若干年后继续参悟的境界，"无"还不是生命的本质，空非空，有非有，无非无，"应无所住而生其心"。就在那个白天，与慧能一同修行的神秀先于慧能写下的是"身是菩提树，心如明镜台，时时勤拂拭，勿使惹尘埃"。那时神秀看待生命的真相还有一个心，这心如"明镜台"，还有实物，还会染尘埃，这尘埃就是私心杂念，需要去除才能保持心的干净光明。慧能则认为是"无"，一切的有只是不真实的虚幻，似有还无，如有实物的挂碍，仍是无法明心见性无法到达彼岸。后世普遍认为对儒释道都了解且加以打通的王阳明，认为良知是每个人都与生俱来的本体，看起来似乎更接近于道家"道生一，一生二，二生三，三生万物"。

王阳明在《传习录·卷七》说"无善无恶心之体，有善有恶意之动，知善知恶是良知，为善去恶是格物"，这四句被称为王阳明对自己学术思想的概括性论述。王阳明认为人的心的本体是无所谓善恶的，但人的意念出来时，就有善恶之分了。当然，"良知"一词并非王阳明独创，最早是由孟子提出的，《孟子·尽心上》说："所不虑而知者，其良知也。""不虑而知"是说良知是先天之知，不通过学习和思考等经验途径来获得。王阳明的良知则与《孟子·告子卜》中的"人无有不善"的善相仿，不同的是，更进了一步，提出此良知还不止于善，善而无善，而且是本体。

心无善无恶、人生而有之，良知即心无须"致"而本有、永有，道生万物，心生万物，至此，确是儒释道核心部分的共性得以顺利汇合。这点上，可看作是王阳明的随缘说法，要表达心中的思想，在人类社会，还必须要有一个名词及相关可以自洽的说法，尽管这名词可能只是接近于事实的真相。以中国传统习惯及思维模式，王阳明所用的词确实可以被广泛地接受，无意当中取了巧。

所以，当王阳明在1506—1507年的龙场的深夜也是其人生最黑暗的夜晚中，突然悟到"圣人之道，吾性自足，不假外求"时惊喜万分，此后求证于《诗》《书》《礼》《易》《春秋》，完全行得通。慧能南下当晚于五祖房中，听到《金刚经》"应无所住而生其心"时，突然说出"何其自性，本来清静；何其自性，本不生灭；何其自性，本自具足；何其自性，本无动摇；何其自性，能生万法"，五祖当即知道慧祖已是真正开悟，当晚传以衣钵。这与王阳明的龙场悟道，连用词、字面背后的含义在内，何其相似！

因此，我认为，王阳明心学，不仅集了儒家心学大成，也真正体悟到了佛家禅宗的关键之处，良知乃本体，良知为吾性自足，却并非石破天惊的创举。致良知而证得"良知"，中国哲学史上著名的"龙场悟道"借用佛家常用的"悟"之一字，实在精妙。

　　能证得这个境界，王阳明在"致"的过程中，用的正是耕读这个方法，这个中国哲学史上的重要时刻，不妨称之为"王阳明以耕读致良知"。

画家刘付忠富为本书创作的配图

具体如下：

王阳明出身书香门第，王氏作为望族于东晋时期迁往江南之后，一直过着半耕半读的生活。其祖父王伦喜爱读书，痴迷于竹，在家里的园子种着一片竹林。王阳明从小立志成为圣人，十七岁时开始钻研宋代理学，对朱熹的"格物致知"深信不疑。就在这一年，为了以实际行动"格物"，一钱姓朋友经王阳明提议，"寸步不离地面对着这片竹整整三天"，积劳成疾病倒后，王阳明接着用了七天时间继续"格"竹子，同样病倒。此次经历虽然失败了，却对其产生了深远影响，据后来王阳明学生的记载，先生像"格"竹子的经历还不止一次。这既培养了他从小对大自然的好奇之心、对真理的探索之趣，又养成了凡事通过实践去体会的良好习惯，为其后来的龙场悟道创造了前提条件。

二十八岁第三次会试时中了进士，三十六岁言事下狱，获释后被贬为贵州龙场驿丞，实际上是以罪官身份被发配。历经九死一生后到达谪所。在谪所的三年，寻找石洞居住，命名"阳明小洞天"，在小洞天外开园耕种，自给自足，得当地人无私帮助，建起了"君子亭""何陋轩""龙岗书院"。从小在竹林里长大且有"格"竹的经历，在书院四周种植了很多竹子。就在这样的环境下，一边自给自足地耕作、读书、处理公务、讲学，一边苦苦思索、反复推敲，经常与弟子们一起跋山涉水来体悟当地实际生活情况，经常与弟子们一起到农田里感受大自然的气息，终于在1506—1507年某一天的深夜静坐冥想中开悟，悟出的道理是"吾性自足，不假外求"，史称"龙场悟道"。耕读的自给自足与"吾性自足"之间，必然存在着某种联系，这种必然或偶然的联系，也许王阳明作为局中人也未必知道，至少，后世的我们至今未见到王阳明有这方面表述的记载留传下来，不过，我们依据逻辑推理，可以得出二者之间有着由此及彼的必然联系的推论。

初到龙场之时，为生活所迫，王阳明不得不亲自动手耕作来解决温饱。他不会农事，边看边学，他了解到龙场人的耕作是原始的刀耕火种，通过实践，他还掌握了不少做农活的技术和规律。在"阳明小洞天"中品读《易经》，在沉思静坐中，心境由烦躁转为安然，由悲哀转为喜悦，他还向当地的人请教种地经验，与当地农民相处过程中，休会到农民的质朴无华与真诚善良，他们为他修房建屋，助他渡过难关，使他感受到人间真情，深感"良知"的可贵，从中得到很多新的启示与灵感。龙场时期悟道前的耕读生活状态，王阳明有一首诗："方园不盈亩，蔬卉颇成列。分溪免瓮灌，补篱防豕蹢。芜草稍焚剃，清雨夜来歇。灌灌新叶敷，荧荧夜花发。放锄息重阴，旧书漫披阅。倦枕竹下石，醒望松间月。起来步闲谣，晚酌檐下设。尽醉即草铺，忘与邻翁别。"西园，位于龙岗书院旁边，是一片很不起眼的小菜地，然而，对自小锦衣玉食、在祖父身边长大，此时身兼临时农民、读书人、官吏三位一体的王阳明，却是宽广无限的天地。今人多推崇的王阳明心学，其圣地之一，居然就是这么一块连一亩都不到的小耕地，那时日晒雨淋、像农民一样挥锄干活的王阳明，如不是在干农活间隙于阴凉处"旧书漫披阅"，外表上看，还真的就是一个农民。

悟道后，王阳明经常借助与学生的争辩来表明自己的观点。在书信及在后来的稽山书院与阳明书院的讲学中，他常常提醒弟子们，应该深入生活实践中，不断感知、体悟真理的存在；体悟人心就是天理、心外无物、无善无恶的本质；体悟致良知后，"自能公是非，同好恶，视人犹己，视国犹家，而以天地万物为一体"

的境界；体悟学习的方法"全是务实之心，即全无务名之心""悔悟是去病之药"，育人之道，重在育人之德。其后，两位弟子王艮与罗念庵分别开创的泰州与龙溪学派终于将王阳明心学发扬光大，弟子盈天下，成为迄今为止儒学的最后一个高峰，被世人称为"救世之学"。

与大多数阳明学者观点不同的是，我认为，王阳明"知行合一"的知，不是后世多数人以为的知识，而是良知，"行"是行动、体会，"知""行"并非"始"与"果"或"初心"与"目标"之间的关系，而是良知就是体会，在体会中证得良知，二者密不可分。所以，王门诸弟子发现，开悟了的王阳明随着功夫日深，越是在后期减少说"致良知"以至不说，而直言"良知"，良知自有恒有，本不需致。然而，未能真正体会到良知的"有非有"境界且能"无所住而生其心"时，此良知仍是一个动态的过程，存在太多不确定性。以这种不确定的良知发出的言行，我常常称为以未悟之人性去约束、规范、引导另一未悟之人性，犹如墨水洗地，不仅洗不干净，而且越洗越黑，这也许就可以较好地解释前文王阳明身后其家人争产"灯下黑"的情状。

学者张宏杰在进行曾国藩与王阳明的比较时谈道：大家经常说曾国藩和王阳明这两个人都是圣人，但是其实曾国藩对王阳明不是特别感兴趣，他认为心学太空疏，所以后来他说王阳明留下来的最有价值的东西是公文，就是向皇帝汇报的东西，是处理事情的具体措施。至于王阳明的心学，他一直不太佩服。曾国藩看重的是实用性。王阳明天资特别高，王阳明的父亲是状元，从小家境特别好，读书特别聪明。他很小的时候就要"做圣贤"，之后又想当侠客，去学剑术，想到边关去立功，然后又学佛、又学道，学什么都很快能够见成就。而曾国藩就不行，曾国藩家里头世世代代都是农民，智商也很平常，考了那么多次才考上秀才。他也认识到自己的智商很平常，所以他做事的方式就是踏踏实实，从不取巧。所以曾国藩对我们……来讲更有意义，他可学的地方更多，更容易入手。（张宏杰：《曾国藩的正面与侧面2》，岳麓书社，2019）

如果说曾国藩踏实，这点大多数人都会同意，但如果说王阳明取巧，则可能是对王阳明的误解了。知行合一，本身就是踏踏实实做实证功夫的一种修身养性从而寻找到生命大道的方法。正如佛法修行被大多数人误以为只是讲道理只是念经一样，从而经常停留在研究佛理的层面。同样是在半耕半读的家风里长大，同样是被誉为历史上少有的几个圣人之一，为什么曾国藩家族后来人才辈出，颇有建树，而王阳明家族后来较为沉寂？曾国藩非常明确，时时在家书中对弟弟、子侄要求以耕读进行传家，且从其祖父的传承中结合自己的体会总结出其家族传家八字诀，体系清晰明朗，族人无论聪愚都很容易执行。王阳明则虽耕读却不以此传家，对于知行合一，由于包括且不限于天资聪愚的个体差异、人生经历、实践时间长短、开悟先后等各种偶然的因素使然，两个儿子最终没有较好地走到王阳明设定的愿景。也许，是王阳明过于自信，或者推己及人，对于未悟阶段的人性有着过高的期许。

五、伦文叙家族

伦文叙（1467—1513），字伯畴，号迂冈。明朝南海县黎涌人。生于明宪宗成化三年（1467），或成化二年（1466），卒于明武

174

宗正德八年（1513）。明孝宗弘治十二年（1499）连中会试第一，殿试第一，考中状元，后授翰林院修撰。著有《迂冈集》《白沙集》。

嘉靖四十一年（1562）也中了进士的郭棐在其用于记载广东地方事迹、人物和典章制度的专志《粤大记》中，这样评价伦文叙："天性温醇，德器和粹，望之知为君子，居学以书史为长，手不释卷。为文宗韩（愈）杨（雄）悠长宛转，蔚有真趣。其孝友出于天性，而与物无竞、善教子。"

郭棐的背景情况是，曾任光禄寺正卿，与伦文叙同乡，将修志作为地方官守土之责，每到一地必有修志之举，尤其注重其家乡的方志事业，曾修广东多种方志，且对修志有独特的创见。两人生活的年代相差仅六十年，因此，其记载与评论即使难免溢美之词，整体上仍为真实可信。上述记载中，"善教子"三字与家风家训有关。

很可惜，从耕读传家角度，伦文叙家族仍然属于未兴已衰型。此处兴与衰的标准，如同本章节其他几个家族一样，源于将研究对象置放于家训史上，与其他家族在长时间内对中国历史进程影响力上的整体对比。

伦文叙生有五子，长子伦以谅，明正德丙子乡试第一（解元），庚辰成化进士，选翰林庶吉士，出为山西道御史，历仕至南京通政司；次子伦以训，正德八年举人，十二年会试第一名（会元），殿试第二名（榜眼），授翰林院编修；三子伦以诜，嘉靖进士，官至南京兵部武选郎中。一个家族，父子兄弟两代人之中成才率如此之高、质量如此之优，历史上不多见，时人称为"一门四进士，父子魁三元"。为此，明武宗朱厚照下旨在其家乡建牌坊，上书"中原第一家"。伦文叙家乡在岭南，与中原地区相隔较远，皇帝赐匾却是"中原第一家"而不是"岭南第一家"，个中原因未见记载，此匾后来几经辗转，有破损，至今仍存佛山。

家族中两代人之内出现类似伦氏父子四进士的情况，史上不多见，比如以下例子：江西吉水董诛、董思德、董思道、董订、董仪父子兄弟叔侄五人，同中宋仁宗景裕元年（1034）进士，被称"一门同科五进士"；明代山东莱芜吴来朝"一门三进士，父子五登科"；清代山西兴县孙嘉淦弟兄三人"一门三进士"。陈廷敬家族尽管以"一门九进士，三朝六翰林"成为明清之际中国北方显赫一时的文化望族，由于时间跨度长于两代，不在此列。

"父善教子者，教于孩提"语出宋代林逋《省心录》，意为擅于教育子女的父亲，总是在孩子很小的时候给予正确的引导。"善教子"，说起来容易，做起来却是很难，文献上不多见，所以历史上孟、陶、欧、岳等"古代四大贤母"与练夫人的事迹及教育成果被挖掘出来后，人们广泛赞颂。

郭棐著述称赞伦文叙"善教子"，以致"父子魁三元"，背后少不了伦文叙夫妇"教于孩提"的努力。伦文叙正室夫人为区氏，区氏祖籍现为顺德陈村镇潭村厚街。同时代且与王阳明、伦文叙都有交往的思想家湛若水如此撰文形容这位贤母："区氏恭人生而徽柔贞淑，敏慧婉娩。式闲捆范，外阃不逾。父母称其贤女，当配君子。生备人伦，有母仪之恭，有无违之敬，有事公婆之孝，有奉先之恪，有姻党之睦，有逮下之仁，有爱子之慈，有刑於之化……"除了这些无与伦比的美德外，后面又洋洋洒洒列出了九条具体内容，长达一千五百余字，极尽赞美，钦慕之情溢于言表。其与伦文叙后人至今达到数千人，主要分布在珠三角。

伦文叙的成长经历颇为坎坷。父亲伦显务过农，做过佣工，后以撑渡船为生。另一说，其父母以种菜、卖菜为生，由于收入甚微，伦显无力送子入私塾。七岁时附近何塾师见怜，免费收为学生，何塾师年老病逝后，伦文叙辍学，但仍一边帮家里种菜卖菜操持糊口，一边读书。状元及第之后，伦文叙扬眉吐气，作了一首《及第》诗："天榜今朝揭九重，

佛山澜石出过两位状元的水井

状元人是广之东。光摇四海飞金电，文耀长空驾彩虹。翰林检讨知星者，国史先生识马翁。从此岭南文运转，满江风雨化鱼龙。"（《中国历代状元诗·明朝卷》）明崇祯年间，《南海县志》记载："伦文叙字伯畴，长身玉立，头颅大二尺许，五岁时与群儿戏，有术者独指之曰'是儿当大魁天下'。"成年后的伦文叙果然不平凡，至今岭南地区留下很多关于他的传说，比如中状元回乡后因感念店铺主人在他小时候经常买他的菜，以及经常送些卖剩的猪肉丸、猪粉肠、猪肝煮成的粥给他吃的恩情，亲自为这种粥取名状元及第粥。

现流传下来的《伦氏家训》，要求族人做到"三尊四务"：尊老爱幼、尊贤亲逊、尊师敬长、务怜孤、务恤寡、务济急、务解贫。大意是：尊重老人、贤人、师长，亲近谦逊的人，爱护晚辈、孩子，怜恤孤寡老人，帮助穷人，扶危济困。

佛山澜石出过两位状元的水井

伦文叙家训中，可以看出其对于家族的期望，并非以功成名就为首要目的，而是遵循道德为先、做人为先的原则，希望子孙后代在道德方面而非能力方面赢在起跑线上。

这种家族传承方法，属于道德传家。

伦文叙的早年人生经历是一边种菜卖菜一边读书，他的生活模式就是半耕半读，以此谋生，以此上进，以此体悟人生，按此逻辑，他后来的功成名就与这段耕读经历必然存在一定的内在关联。伦文叙、王阳明、唐伯虎生活的年代为明代中叶，距五代十国时期《章氏家训》首次提出"耕读传家"已五百多年，且在中国各个区域早已成为主流家训的情况下，伦文叙与同年参加科考会试的王阳明不约而同地选择了道德传家，包括他们的前辈朱熹亦如此。

一百五十多年后，明朝风雨飘摇之时，伦文叙同乡、鸭蛋状元黄士俊写下了典型的耕读传家家训。又三百年，探花郎陈伯陶在现东莞厚街新塘辖区内开始筹建"耕读公祠"，公元1900年落成。这种种情形，与耕读传家至明末清初才发展至顶峰相契合。

每个人每个家族，大多数情况下只能在自己的时代之内做着各种选择题。家族传承上，伦文叙一门四进士，相比于许多默默无闻的家族，已是卓有成效，在类型选择上，原本没有对错之分，岁月安好，现世安稳，对于以耕读起家却未以耕读传家的伦文叙来说，未尝不是一种幸福。

除了上述名门望族的耕读传家家训，在浩瀚的中国家训史天空下，还有很多家族在不断分支流变之时，因应时势，在各个不同的历史阶段也提出了自己的耕读传家家训。

海丰吴氏家训："淳风厚德，直谅恬素，崇儒重文，耕读而仕，忠贞孝友，礼仪传家。"会宁杨氏家训："耕读为本，事稼穑尚学重教传家久，厚道立德，知恩情尊亲睦邻继世长。"寿州孙氏家训："居家宜戒奢靡，崇勤俭，或耕或读，务正业，以培根本。"嵊州孙氏家训："忠君上，孝父母，和兄弟，正夫道，谨闺门，严教子，端品行，勤耕作，尚读书。"嵊州茹氏家训："崇祀以敦孝思，孝悌以肃家风，睦族以念同宗，耕读以务本业，赈济以活贫穷，婚嫁以选良家。"嵊州范氏家训："耕读、教子、安分、贸易、交接、嫁娶、慎真、追元、修身、谨训。"马鞍桥赵氏家训："耕读传承，勤俭持家；和亲睦邻，遵纪守法。"长桥郑氏家训："耕读传家，达者兼济天下，穷着独善其身。"广安邓氏家训："讲信义、勤耕读。"郎氏家训："勤耕读以训子孙，择邻处以保身家，戒争讼以惜不财，种桑麻以供衣服。"刘氏家训："耕读为家之本，积水防旱，积粪如金，不可废弃农桑，敬师则心常虚而受益。"方氏家训："崇文尚武，耕读传家。天下第一件好事还是读书；世上几百年旧家莫非积德。"

东莞厚街陈氏耕读公祠

第五章

第一节　秉承耕读传家理念，有利于对中国文化本质的认识

国人小农意识根深蒂固，推广参与耕读传家实践，对小农意识转变为大局意识有正面作用，大局意识的最终指向是家国意识与爱国情怀。

一个民族长期对土地依赖，一方面，土地的深沉与基于土地之上的春华秋实固然可以浸染得这个族群务实；另一方面，土地总是有其疆域与边界，完全基于土地的经济与人生，边界内外不免因为利益的不同而顺理成章产生了所谓的小农意识。

"小农意识"就是目光短浅，过分在意蝇头小利，缺乏全局意识和公共意识。小农意识与平均主义、皇权至上、无政府主义、掠夺式占有欲之间有着千丝万缕的联系（肖川：《都市家教月刊》，2011年第9期）。心理素质上表现为求稳、怕变、盲目和狂热，从而形成很大的保守性，本能地排斥变革，缺乏主动进取精神；在价值观念上，自然经济使得人们形成以自给自足、患得患失、

平均主义为特点的观念体系；在思维方式上自然经济的规模狭小导致人们的活动范围狭窄和认识水平低下，从而决定了人们的思想方式的经验性、直观性和不系统性。

具体表现为：一、小富即安。有小农意识的人，追求相对较低，只要超过了旱涝保收，实现吃饱喝足略有结余的目标，就会产生富有的感觉。其结果一是没有了从前那种吃苦耐劳，不干活就要饿肚子的危机感；二是有了结余就开始琢磨着享受。二、缺乏自律。由于小农生产方式是典型的个体行为，自家的地、自家的犁、想下地就下地，想种什么就种什么。所以，没有规章，也不懂得什么是制度，不需要约束，没有自律习惯。有小农意识的人一般随心所欲，公私不分、上下不分、内外不分、轻重不分，不用说作为一个主官应肩负的责任，就连作为一个人与社会相处的标准分寸都谈不上。三、宗派亲族。个体经营，势单力薄，没有组织，没有协作，没有利益责权的共存，自然也就没有抗风险和抵御自然灾害的能力。风调雨顺的时候养尊处优，一旦出现了自然灾害和突发事件，求助无门。唯一可以依赖的就是宗派亲族，有小农意识的人只相信同姓同血缘的本家人。为了集合力量战胜灾难除了拉帮结派，任人唯亲，恐怕再也没有别的办法了。

西周以来的"家天下"分封制社会结构，深深影响了中国三千年，尽管后来出现了郡县制，很多人意识内核仍然离不开"家天下"价值观，因此，"家天下"是小农意识的扩展，本质上如出一辙。小农意识与宗法制度一旦结合，衍生的将是自私自利、小我至上的小圈子文化。如果世界上有大局意识，则需要在耕种实践基础上从所读之书里进行养成与突破，达至大格局。

家天下与家国情怀不同。家天下意识是"天下乃自己一家之天下"，家国情怀则是国虽众人之国，由无数小家庭组成，然而，时时认识到家运与国运不可分，时时有为国家着想的思想与行动的胸怀。

"古之欲明明德于天下者，先治其国，欲治其国者，先齐其家；欲齐其家者，先修其身。"两千多年前，这段在《大学》里的文字，将国家、社会、家庭和个人串连成一个密不可分的整体。这种被称"家国情怀"的情感，奠定了国人修身、齐家、治国、平天下的道德理想和行为准则。

数千年来，无数英雄志士就是在这种情怀的熏陶和指引下，怀抱着保家卫国、济世安民的理想上下求索，慷慨以赴，从容适变。"匈奴未灭，何以家为"，这是霍去病的豪迈气概；"烽火连三月，家书抵万金"，是杜甫忧国思家的情思；"先天下之忧而忧，后天下之乐而乐"，是范仲淹忧国忧民的胸怀；"王师北定中原日，家祭无忘告乃翁"，是陆游至死不渝的牵挂；"欲以性命归之朝廷，不图妻子一环泣耳"，是杨涟将身许国的赤诚。

相信读书而知书而达理，以儒家的行动主义原则，在对土地的种种行动之余尚需更高层次的读圣贤之书及天下之书，则成为因耕读而成大局意识甚至超越了自我的受益者的家训，这就是耕读传家。

耕读传家的本质是教育，精髓是作为育者的长辈承担起人生导师的教者责任，形成行为主义上的言传与身教，传统的耕读传家教育，正好弥补了当今教育家庭的短板。

教育的成效从来就是家庭、学校与社会从三个方向共同发力的后果，缺一不可。改革开放前期的三十年，中国传统文化回归只是迈出第一只脚。由于根深蒂固的将子女视为私有财产及"争

画家刘付忠富
为本书创作的
配图

当人上人"的观念、弥补心理、攀比心态，常见的情形是，对青
少年的教育，走了两个极端。一是早期采取溺爱的间接毁儿的方
式，后期接受不了自己子女成不了龙变不了凤的心理落差，却忘
了自己也未必是人中龙凤，忘了丛林里既要有狮子，也可以有兔
子的现实，从而改成棍棒教育或放任自流；一是自身啃咸菜也要
让子女吃鲍鱼的"父母贫穷子女富裕"的奇观，或出现"父母与
子女均财大气粗为富不仁"的情形。子女不但无法成才，反而呈

现出自私偏激、薄情寡义、好吃懒做的"败家子"特征，更谈不上爱国爱家、传承家族这样宏大的使命了。

我对中国文化的本质进行过较为深入的探究，得出的结论是：中国文化本质为阴阳文化。这阴阳文化简言之，是指汉代以来逐步形成的以阴阳一统、道德与谋略并用、秩序与超脱共存、实用至上与家国情怀结合为主流价值的文化特性与外在表现。以河流为喻，是以儒释道为主干不断吸收、增减、断续、流变后在文化面貌上可塑性极强的文化系统。

耕读传家之"传"，其实是世界观人生观价值观、安身立命为人处世准则的传递，譬如河流，上游如能够时时自我洁净，传至中下游才能成为清流。

现在我们再来看看古人较为成功的教育理念。

传统上，人们以教育子女为人生要职，当时的家庭，既是一个生活单位，也是一个生产单位和教育单位。宋代程颐说："人生之乐，无如读书；至要，无如教子。"明代方孝孺也说："爱子而不教，犹为不爱也；教而不以善，犹为不教也。"归结起来是重视齐家和治国的关系；注重立志教育；注重俭朴、廉洁教育；反对溺爱。这一切都是互相关联、互相影响的教育。

《礼记·大学》中写道："古之欲明德于天下者，先治其国；欲治其国者，先齐其家；欲齐其家者，先修其身。"这说的是个人，家庭和国家的关系，治国应从治家始，治家应从教子始。从"齐家治国"这个目的出发，需要把家庭教育看作是"国之根本"，教育子女是父母的重要责任，养子必教，养而不教不仅危害自身，也危害他人，更危害国家。关于立志，环顾当下，现代的很多父母，恐怕要教子女立志赚多少钱、从事什么职业。过去，人们是这样认为的，"人不立志，非人也。"教育儿女所立之志是做个正直的人。颜子推说："有志尚者，遂能磨砺以就素业，无履立者、自兹堕慢，便为凡人。"难能可贵的是，颜子推等人不仅认为立志重要，而且还提出立什么样的"志"最好。明代杨继盛说："人须要立志……你发愤立志要做个君子。则不拘做官不做官，人人都敬重你，故我要你第一先立起志气来。"

第二节　秉承耕读传家理念，有利于体会中国传统文化精华

一、对土地的深情

中国传统文化上，士农工商的文化位阶，士基于农，士源于读。耕读传家之耕，首先是在土地上耕作，离不开土地。土地、家庭、国家，三者是由此及彼之关系。国家、家庭，首先是建立在土地之上。中国长期处在农耕文明社会，家、国、故乡等词语的创造与使用，无不与土地相关，家、国、故乡是一个文化上的概念。台湾诗人余光中在《乡愁》里说，"乡愁是一湾浅浅的海峡／我在这头／大陆在那头"。大陆，古代指高而平的土山，引申为大片的土地。游子思念大陆，也就是思念土地。

二、读懂土地，才能读懂家族，才能读懂国家

土地承载着中国人的感情，远在海外的中国人，永远忘不了的是自己的故土。故土、故乡、故国，都与土地息息相关，土是

生命的开始也是生命结束回归的地方。土地的联系只要不断，就是中国文化的根不断。国是执戈守卫的城池，城是由土所建。家是有东西遮盖下的由人蓄养的生命，生命是在土地上生生不息的。日出而作日落而息，都是基于土地。人类所有的一切，餐桌上所有的一切都来源于土地，土生金、金生水、水生木、木生火，火又生土，万物循环。

在土地上进行各种各样的耕种、读书，就是没离开自己的民族、自己的故土、自己所属的文化体系。可以说，读懂土地，就是读懂了人生，读懂了家族，读懂了国家。

南海西樵平沙岛耕读传家国学园

第三节 秉承耕读传家理念，有利于缓解家长的痛点与焦虑

一、家长的痛点

（一）青少年的常见问题

一是人身安全，包括自杀与自杀倾向、精神疾病、校园暴力、意外伤害等。

2018年，21世纪教育研究院与社会科学文献出版社共同发布《教育蓝皮书：中国教育发展报告（2018）》，报告指出，中小学生自杀问题已成为不容忽视的严峻事实。蓝皮书指出，当务之急是建立儿童青少年自杀死亡、自杀未遂数据信息披露机制，使之成为各级政府、教育主管部门的一项职责义务；建议推动法规制度修订，如将学生心理问题和精神障碍评估纳入《中华人民共和国精神卫生法》，实现自杀预防常态化。

关于校园欺凌。2017年5月20日，根据中国应急管理学会校园安全专业委员会在中南大学举办"社会风险与校园治理"高端论坛发布的《中国校园欺凌调查报告》，2016年1月至11月，全国检察机关共受理提请批准逮捕的校园涉嫌欺凌和暴力犯罪案件1881人。全国各地校园欺凌事件频发。

关于意外伤害。来自联合国的数据显示，我国在校学生2亿多，是儿童意外伤害发生严重的国家。我国每年14岁以下的未成年人意外死亡人数是20万，令人心焦的是，这个数字还在以每年7%—10%的速度增长。0—14岁儿童意外伤害死亡发生率是美国的2.5倍，韩国的1.5倍。我国儿童意外伤害占儿童死亡的26.1%，

有4000万中小学生遭遇过意外伤害，1360万中小学生需要门诊治疗，335万中小学生需要住院治疗，120万中小学生正常功能受损，其中40万致残。

二是人生位格的缺失。

当今很多家长出生于20世纪七八十年代之后，分别被称为70后、80后，这称呼依年代类推。九十年代时，这些家长的长辈们曾经非常担心下一代的成长，有一个流行的说法，将80后视为"垮掉的一代"。二十多年过去，80后没垮掉，而且身上具有他们父辈所没有的很多优秀品质。然而，社会上至今普遍认为，对于社会担当、吃苦耐劳，相比于他们父兄，大多数情况下，略为逊色。

现在，终于轮到这些80后家长们担忧他们的下一代。

随着物质生活的丰富与中国传统文化复兴，慢慢地，人们意识到，飞得更高走得更快那是动物世界赖以存活的最重要指标，人类社会里，尽管有丛林法则，但更高更快之外，要获得长久的更大的胜利，要活得更好，要追求人生天性中寻觅着的幸福，终极武器还是得回归人的格局，最终的竞争还是文化的竞争，这文化是包括且不限于人生观、世界观、价值观在内的"以文化之"，而不纯指知识，终于，关于人类自身的认识，与周人提出的"我求歗德"有几分相似。

在这被许多人称为史上最好也是最坏的时代里，新晋升为家长的家长们，每天意气风发或焦头烂额之余，回到家里尽管累得不想说话，甚至累得连生气的力气都没有，却还要面对下一代存在的各种问题，长此以往，慢慢就形成了属于家长们的焦虑，尽管这些问题未必发生在自己的下一代身上。

比如，不知感恩、不知敬畏、不顾后果、不懂孝顺、无耐心、无诚信、无信仰、无责任感、无长远眼光、无钻研精神、无仁爱之心、无规则意识、损人利己、自私叛逆、自我为中心、我行我素、得过且过、好逸恶劳、奢侈浪费、弄虚作假、好大喜功、性格暴戾、气量狭窄、不务正业、心理素质差、综合素质低、缺乏人文精神、缺乏写作能力与审美能力、缺乏社会担当、缺乏远大理想、缺乏必要的认同感，等等。

清晖园状元堂

（二）无法掌握与下一代的相处之道

我们知道，父母是人生最早也是终生的老师。师者，传道授业解惑。但当下中国的现状是，最需要教育的却是家长。连作为最重要人生导师的家长本身都是"惑者"，如何还能为下一代解惑？

　　由于种种现实的原因，无数家长无法在为生存奔波的同时关注一代的教育，待到关心时负面人格木已成舟不可扭转；无数家长无奈地将下一代变成六千万留守儿童中的一个，无奈地承受隔代或亲情缺失下的教育负后果；无数家长由于自身价值观、教育观的原因，将自身问题传导到下一代身上；无数家长由于不懂教育，且将下一代视为自己私有财产，有意无意当中将下　代培养成自认为可以不劳而获或高人一等的公子或公主；无数家长出于对下一代的愧疚与补偿心态，错误地理解"穷养儿富养女"，致使"穷家富二代"层出不穷；无数家长看到"陪伴是最好的教育"或"不要输在起跑线"，在未能真正理解的情况下，既做了孩奴又得不到想要的效果……

　　以上都是无法掌握与下一代相处之道的表现。当与自我设定的人生期望值存在极大差异时，焦虑感已无法避免，然后是与下一代的相处当中，日复一日地恶性循环，然后，是更大的代价。

　　在与下一代相处过程当中，我们不能强求家长们成为教育家，但家长们至少需要具备或培养教育家情怀；我们不能强求家长们成为完人，但家长们至少需要自我完善良，以利于以身作则、言传身教而避免言行不一造成的反效果；我们不能强求家长们能完全将下一代看作具有独立人格的朋友，但家长们至少需要俯卜身，与下一代平等相处、建立有效沟通方式。

二、家长焦虑层次理论

　　家长的焦虑，本质是对教育的焦虑。我这里所说教育的焦虑，不是时下通行的教育焦虑，通行的"教育焦虑"说的只是家长们对于孩子从幼儿园开始到大学毕业即三岁至二十二岁这个年龄阶段成长成才方面的焦虑。

当我们以时间为工具进行线性分析，就会发现这种教育焦虑理论有一个很大的弊病，就是将家长们与生俱来的贯穿于下一代终生的焦虑排除在外，在中国文化场域里面，只要生命还处于存续状态，对子孙后代的焦虑就不会停止，"儿行千里母担忧""临行密密缝，意恐迟迟归"等前人字句千百年来得到人们共鸣，就是例证。同理，这是人类的共性，在中国文化场域之外的文化生态地区，只是程度上的不同而无本质上的差异。

为此，我提出的焦虑层次理论分为三个层次。

第一层次：安全焦虑

第二层次：成才焦虑

第三层次：家族传承焦虑

如图：

这三个层次里面，第一层次的包括人身安全与心理安全，第一、第二层次为短期焦虑，第三层次为长期焦虑。短期焦虑是指，0—3岁，即下一代出生至中国文化传统上的"三十而立"。相应的，时下所说的教育焦虑到达这个阶段就止步了，而且还不包括0—3岁这个阶段。事实上，在短期焦虑里面，还应该有一项细分，中国文化场域以外主要是指西方文化地区的家长焦虑期为0—18岁，下一代十八岁以后，个体平等而独立地生活，将从家长的生活重点游离，从而家长们的焦虑转化为关心。长期焦虑指的是下一代三十岁以后的焦虑，这时间段的焦虑对于中国家长们而言，无休无止、无边界。下一代永远是父母眼中的孩子，永远走不出父母的眼睛，这时间段的焦虑体现为由成长成才焦虑向家族传承焦虑过渡，所以我们在现实生活当中会不断看到催婚逼婚的情形，会不断看到紧张的婆媳关系，会不断看到"不孝有三无后为大"的人间悲喜剧，会不断看到祖辈对孙子女的隔代抚养，会不断看到家长们为下一代甚至再下一代买房置地的溺爱，会不断看到家长们将一辈子的积蓄"全给子孙决不予外人一分"的人生小格局。

耕读公祠旁书室

由于中国长期的宗法制度以及人性追求使然，在长期焦虑当中，有远见与无远见的家长们都会将自己大半生所见所闻、所思所想以及对家族传承的期望，通过种种方式强加给成年与未成年的家族成员，比如，潘安之母，在潘安五十岁时多次规劝其远离石崇、贾谧以避祸；颜之推、章仔钧在晚年为家族写下传世家训。因此，长期焦虑主要体现为家族传承焦虑。

家长对于下一代的焦虑的本质是教育焦虑，教育焦虑的本质是生命焦虑。当下家长们遇到的下一代教育痛点，通过良好的生命教育，以包括价值观、人生观、世界观在内的青少年知行合一实践式素质教育为路径，必定会有很大改善。

家族是一棵大树，家庭是分枝，每个成员是果子。大树需要适合生长的土壤，需要阳光雨露，需要从根部获取营养，同理，作为家族，首要贯穿于整部家族传承史的任务，就是安身立命。

果子熟了，掉下来，由于地心引力即家族向心力的作用，最终以另一种看不见而有力量的形式回到根部，比如积德，比如思想，滋养根部即滋养家族。周而复始，形成闭环，果子越来越多，树即家族越来越高大壮实，这就是整部家族发展史，也是整部人类发展史的缩影。在一定时间内，正常状态下，树即家族一直呈现生长状态，不断延伸，这过程中也会出现停滞、枯枝、果子提前坏掉或其他状况，而树即家族会有一定的自我修复功能，这功能越强，存活得越好。这就是三千多年来的实践，我们的祖先看到然后于数百年前总结并告诫我们的家族传承规律："道德传家，十代以上，耕读传家次之，诗书传家又次之，富贵传家，不过三代。"

论证至此，我们不妨提出破解家长焦虑的方法：

安身立命→生长→成才→传承

安身立命是根本设计，这整个模型构成家族传承的顶层设计，用被广泛认同效的家族传承方法代入，得出的结论是：

耕读传家→生长→成才→传承

耕读公祠重修功德碑

三、国外名门望族的耕读传家家训

此前我们已经分析，家训是人类自有家庭以来就有，自有耕种与文字就有了耕读传家，章仔钧只是第一个明确地提出，只是发现，而不是发明。耕读传家是属于人类社会的，并无东西方之别，只是我们中国文字的高度概括力与优雅，使这个文化现象与家训类型看起来仅仅属于中国，但事实并非如此。

我们知道，欧美国家有很多家族传承得很好，类似于罗斯柴尔德、洛克菲勒这样的家族，他们的祖先也是从农业社会一路这么走过来的，一定也有很多与"耕""读"相关的家训流传下来，工业革命之后，会有新的诠释但实质内容仍无法改变。

现在我们来具体看看：

学术世家法国居里家族。"即使不在学校里学习，也可能成为优秀的人才；在大自然中培育子女探求真理的心；父亲既是家庭教师，又是领导人；母亲的启蒙教育至关重要；让子女自觉培养自立意识。"教育世家印度泰戈尔家族："营造书香气息浓厚的家庭氛围；通过阅读，弥补在学校无法学到的知识；通过聘请家庭教师培养孩子的多种才能；成为富翁后积极支持文化艺术；通过与子女一同漫游大自然，从而培养子女的想象力。"

这是直接的耕读传家方法。"不在学校里学习，也可能成为优秀的人才""大自然中探求真理""与子女一同漫游大自然"，真正实施起来，必然也是耕读传家中的"农、林、牧、渔"与知行合一。

瑞典首富瓦伦堡家族："遵守并重视世代相传的原则；弟弟接着穿哥哥穿过的衣服，从而养成俭朴的生活作风；如果想要成为继承人，必须首先具备一颗爱国心。"世界首富美国盖茨家族："如果留给孩子巨额资产，势必阻碍他成为创意性人才；富家子弟也不可娇生惯养；孩子们以言传身教的父母为学习榜样。"

对照曾国藩家族的传家八字诀及曾国藩本人对于"早、扫、考、宝、书、蔬、鱼、猪"的具体布置，就会发现，瓦伦堡与盖茨家族的家训内容正好对应得上，属于间接的耕读传家方法。在现实当中实施时，我们知道，西方国家的教育是从小培养下一代的早起、做家务、生活独立等良好生活习惯，他们的生活当中，在城市里也会将种植修剪花草归属家务范畴，节俭与爱国正好也是曾国藩传家之宝的期望值。

11世纪末波斯人昂苏尔·玛阿里有一本著作，名为《卡布斯书》，在中国被译为《卡布斯教诲录》，据译者介绍，这本书曾被认为是"伊斯兰文明的百科全书"。这是一部家训著作，书里一而再、再而三地对子孙后代提出要求，"孩子啊，你可知道""你千万不要对此置若罔闻，辜负了我这作父亲的一片心意"，在"论做农民或掌握任何一种手艺"篇章里，他告诫道，"只有辛勤耕作，你才能获得丰收"。当然，也进行了劝读。书中引了不少诗，有些诗不仅含有哲理，也具有审美价值。（〔波斯〕昂苏尔·玛阿里著：《卡布斯教诲录》，张晖译，商务印书馆，1990年）

11世纪末，对应我们中国宋代，正是耕读传家由宋仁宗、范仲淹推行"庆历新政"而广泛带动的时期。中国、西亚、欧美，耕读传家家训多点发生，再一次印证文化形态尽管可以不同，但类似或相同的类型却可以同时或先后多点发生的文化规律。

第四节　耕读传家，开创美好人生

一、响应国家文化复兴的号召

（一）家风建设得到党和国家领导人高度重视

"天下之本在国，国之本在家，家之本在身。"广大青少年，作为新一代，未来进入社会后将从事着各种各样的工作，很有必要在求学阶段就了解到家风建设对于自身、家庭、家族、国家的重要性。

习近平总书记曾多次在不同场合强调家风：

中华民族自古以来就重视家庭、重视亲情。家和万事兴、天伦之乐、尊老爱幼、贤妻良母、相夫教子、勤俭持家等，都体现了中国人的这种观念。"慈母手中线，游子身上衣。临行密密缝，意恐迟迟归。谁言寸草心，报得三春晖。"唐代诗人孟郊的这首《游子吟》，生动表达了中国人深厚的家庭情结。家庭是社会的基本细胞，是人生的第一所学校。不论时代发生多大变化，不论生活格局发生多大变化，我们都要重视家庭建设，注重家庭、注重家教、注重家风，紧密结合培育和弘扬社会主义核心价值观，发扬光大中华民族传统家庭美德，促进家庭和睦，促进亲人相亲相爱，促进下一代健康成长，促进老年人老有所养，使千千万万个家庭成为国家发展、民族进步、社会和谐的重要基点。（《习近平：在2015年春节团拜会上的讲话》，新华网，2015年2月17日）

领导干部的家风，不是个人小事、家庭私事，而是领导干部作风的重要表现。（《习近平主持召开中央全面深化改革领导小组第十次会议》，人民网，2015年2月28日）

新华网于2017年3月29日发表了《十八大以来，习近平这样谈"家风"》一文，部分内容摘引如下：

习近平为何如此重视家风？家庭是社会的细胞。"家风好，就能家道兴盛、和顺美满；家风差，难免殃及子孙、贻害社会。"国风之本在家风，"天下之本在国，国之本在家，家之本在身。"习近平说，"家庭是社会的基本细胞，是人生的第一所学校。不论时代发生多大变化，不论生活格局发生多大变化，我们都要重视家庭建设，注重家庭、注重家教、注重家风"。家是最小国，国是千万家。家风的"家"，是家庭的"家"，也是国家的"家"。

（二）家风建设被首次写入《中国共产党廉洁自律准则》

十八大以来，领导干部的家风建设被提到前所未有的高度，一系列配套规章、措施相继出台：上海、北京、广东等地先后试点"规范领导干部配偶、子女及其配偶经商办企业管理工作"；"廉洁齐家，

顺德碧江金楼

自觉带头树立良好家风"首次写入《中国共产党廉洁自律准则》；《关于新形势下党内政治生活的若干准则》要求"领导干部特别是高级干部必须注重家庭、家教、家风，教育管理好亲属和身边工作人员""禁止利用职权或影响力为家属亲友谋求特殊照顾"。领导干部有了好家风、好作风，才能带动社会风气的形成、大众生活情趣的培养。千千万万家庭培养传承好家风，才能支撑起全社会的好风气。重视家庭、强调家风，已经深刻地烙印在习近平治国理政思想中。（《习近平谈家风》，中国青年网，2018年2月22日）

二、从耕读中培养优秀的人格、良好的习惯、宽阔的格局、高尚的品德、创造性思维与审美能力

（一）周代"我求懿德"家训透出的耕读文化对于个人、家族、国家品格的滋养

公元前1046年，周武王征伐商朝得胜归来，巡视各诸侯国，路上向天许愿："我求懿德"（《时迈》，《诗经·周颂》第八篇），全文如下："时迈其邦，昊天其子之，实右序有周。薄言震之，莫不震叠。怀柔百神，及河乔岳，允王维后。明昭有周，式序在位。载戢干戈，载櫜弓矢。我求懿德，肆于时夏，允王保之。"从此奠定了周朝数百年以德治国、宽以待人的历史。

此前大约三千五百年，尚在新石器时代，于今浙江余姚罗江公社河姆渡村这个地方，人类已大面积种植水稻，出土的稻谷和谷壳，换算出稻谷当在12吨以上，河姆渡因此被称为世界水稻故乡，河姆渡文化的发现，被《考古》杂志评为20世纪中国一百项

重要考古发现之一。

以西周国都镐京即今西安至浙江余姚，直线距离1400公里，非常遥远，但人类文明发生的特点是多点发生。至周武王时，千里之外的余姚尽管已存在三千多年的水稻种植历史，限于当时条件两地之间未必展开文化上的接触，但据记载，"从周文王开始沿渭河向东发展，翦除了商朝在关中的势力，迁都于丰（今西安市西南沣河西岸）。武王即位，为经营东方，又将国都东迁于沣河东岸的镐（今西安市西南斗门镇一带）。数年后灭殷，控制了商朝统治区。武王去世后，周公东征，相继征服了商朝残余势力和东方诸小国。周朝的疆土大于商朝，为了控制新取得的领土，即推行分封制，即将周朝王畿之外的地区分封给宗室、勋戚功臣、先圣后裔，建立统治据点，以拱卫周室。据记载，周初分封七十一国，以后仍陆续有所分封，多至数百国。其中主要的有东方的齐、鲁，北方的燕、晋等大国，此外，还有黄河下游的卫、管、陈、曹、蔡，汉江流域的'汉阳诸姬'，长江下游的宜和太湖流域的吴。"春秋时期余姚属越国，战国中期余姚成为楚国辖地，但从今余姚方言为吴语推论，余姚属于吴越文化之地，可以推断周初属于吴国。史载吴国由文王的两位伯父泰伯、仲雍借口采药的机会一起逃到了当时荒凉的江南梅里（今江苏无锡的梅村）所创，武王去世后，其弟周公东征、分封现浙江北部所在的吴国。出这些记载，不难推断出，在周武王征伐商朝得胜唱出"我求懿德"前，两地之间关于水稻种植等耕种方面的文化必然已有交流。

因此，我认为，我们现在的耕读文化起始的时间应该提前至三千年前的殷商末期。简牍始于何时已不可考，但至少春秋战国时期（前770—前221），简牍已大量使用。早期的文字刻在甲骨和钟鼎上，由于其材料的局限，难以广泛传播，所以直至殷商时期，掌握文字的仍只有上层社会的少数人。在那个古老的年代，耕种与文字已同时存在，由于生产力的低下、社会分工不严格，部分掌握文字的人也需要参与耕种劳作，在且耕且读的过程中，自然形成对自身、家族、部落、城邦未来的思考。

"我求懿德"应为耕读文化的成果之一。周武王姬发所在的姬氏宗族、封国并非游牧部落，封国国都先丰京、后镐京都位处关中平原，又称渭河平原、关中盆地，适合耕种。果然，有学者认为，"周人本是活动于今陕甘一带以农业见长的部族。"平原大地的开阔、耕种畜牧的平和，加上有感于殷商治理上的非"懿德"，得胜归来巡视各邦的一代明君周武王于是向天地与子孙发出"我求懿德"的肺腑之言，实际上这就是武王向子孙后代树立的姬氏家训，要求姬氏后代均以德治国，其弟周公姬旦是其忠实的家训执行者。

周公是西周初期杰出的政治家、军事家、思想家、教育家。周公摄政七年，提出了各方面的根本性典章制度，完善了宗法制度、分封制、嫡长子继承法和井田制。周公七年归政成王，正式确立了周王朝的嫡长子继承制，这些制度的最大特色是以宗法血缘为纽带，把家族和国家融合在一起，把政治和伦理融合在一起，这一制度的形成对中国社会产生了极大影响，为周朝八百年的统治奠定了基础。贾谊评价周公：孔子之前，黄帝之后，于中国有大关系者，周公一人而已。孔子一生最崇敬的古代圣人之一。自春秋以来，周公被历代统治者和学者视为圣人。孔子和周公在教育思想上存在着渊源关系，在教育实践上也存在着继承关系。周公生活于三千多年前，他对中国古代教育的发展曾经起过巨大作用。如果说孔子是中国古代教育的伟大奠基人，那么周公则是中国古代教育的伟大开创者。

我认为，中国文化实从周初始。孔子推崇周公，向往周公的事业，盛赞周公之才，赞叹"周公之才之美""甚矣吾衰也！久矣吾不复梦见周公。"孟子首称周公为"古圣人"，将周公与孔子并论，足见尊崇之甚。荀子以周公为大儒，在《儒效》篇中赞颂了周公的德才。汉代刘歆、王莽将《周官》改名《周礼》，认为是周公所作，是其致西周于太平盛世之业绩，将周公的地位驾于孔子之上。唐代韩愈为辟佛老之说，大力宣扬儒家道统，提出尧、舜、汤、文、武、周公、孔子、孟子的统序。自此以后，人们常以周孔并称，在教育上则有"周孔之教"的概念。总之，言孔子必及周公，这是古代尊崇周公的情况。这种尊崇除了政治上的某种需要之外，主要反映了古人对西周优秀传统文化教育的珍视，以及对周公这位伟人的真诚敬仰。这在历史上曾经为弘扬、继承、发展中华民族的优秀文化教育起过积极作用。

（二）耕读传家对于青少年的潜移默化

1. 从耕读中体会人与家族、社会、国家、自然的内在关系，培养孝顺、沉稳、务实、善良、感恩、爱国的价值观，突破国人传统上固有的小农意识，转变为宏大宽阔的人生格局。

如果主要以儒家思想来指导我们的耕读，那么，不能忽略儒家的一个大原则——行动主义。只有行动，才是务实的。梁氏家训"积善之家，必有余庆；积不善之家，必有余殃"（梁焘《家庭谈训》）在任何时候都有警醒世人的意义。在且耕且读的劳动中，我们会见到或听到类似于"羊羔跪乳"的情形或故事，以人的根器而言，耳闻目睹才会对《增广贤文》"羊有跪乳之恩，鸦有反哺之义"感同身受；只有亲身参与耕读实践，认识到包含土地在内的自然界是人的本源、国的本源，家族与父母是自身的本源，才能不忘本，才能感念来自各方的恩德，才能体会到"祖国"之"祖""大地母亲"之"母亲"的文化内涵，才能以"十指连心"善良看待与指导自己的为人处世、安身立命。

2.从耕读中培养平等温和、勤奋俭朴、吃苦耐劳、敬天悯人、尊重规则的品质。

耕读之耕，一般所指的是与耕田种植相关的行为。耕读文化里的"耕"我认为可以延伸为中国传统社会的四业"渔樵耕读"。在中国古代，"渔樵耕读"既是四种不同的职业，又是可以同时兼顾的工作，对于不少读书人、隐士、商人、官宦人家，甚至只是一种生活方式。

我们无法通过时间隧道穿越回过往的年代，但是，以日常生活经验而论，不难推断出这样比比皆是的生活场景：在耕与读之余，不免砍些柴火取暖，甚至背负或驮运木柴去卖，因为在当时的条件下，众人聚居之处，森林、柴火是取之不尽的资源。不免在江边垂钓，如柳宗元谪居湖南永州时，仍属仕途，写下千古绝句《江雪》"千山鸟飞绝，万径人踪灭。孤舟蓑笠翁，独钓寒江雪。"和柳宗元约略同时的诗人张志和作《渔歌子》说，"西塞山前白鹭飞，桃花流水鳜鱼肥。青箬笠，绿蓑衣，斜风细雨不须归。"按此逻辑关系，反之亦然。陶渊明、辛弃疾等人，何尝不是如此。除去必须以此四业中的某一业为主要谋生手段，在实际生活中，必将是混同的。甚至还可以指挥他人去实施，偶尔自己也会亲自动手，将此变成一种生活情趣。

现在我们来考察一下古代圣贤的养成与行为表现。传说中的中华民族共同的先祖之神农氏、舜，就是长期处在第一产业与耕种相关的生活中。神农氏即炎帝，"三皇"之一，是我国原始社会时期一位勤劳、勇敢、睿智的部落首领，亲尝百草，以辨别药物作用，教人种植五谷、豢养家畜，使中国农业社会结构完成。神农氏的出现结束了一个时代，后世尊为中华民族之祖、农业之祖、医药之祖、商贸之祖、音乐之祖等，对中华文明有不可磨灭的巨大贡献。关于舜耕种的传说，可用"象耕鸟耘"的成语概括。相传，上古舜帝为民时，曾躬耕于历山之下，因称舜耕山。据考证，历山位于山东济南市南郊，即今日千佛山。舜一日在田间垦荒，疲倦了就在地头休息。忽然听见了"扑哧，扑哧"的鼻息声。抬头看时，只见一只大象从对面山上一步一步走向历山，一直走到舜垦荒的地方，用鼻子卷起一块巨大而尖利的石块，开始一下一下用力地刨地。象力大无穷，一个时辰不到就刨了一大片地。之后象天天到历山帮舜刨地，久而久之，舜就与象建立了感情，就开始训练大象耕地。舜有了大象帮助，耕地多了，种上庄稼后，地里杂草丛生，一个人忙不过来，正自发愁，地里出现了一群一群的小鸟，蹦蹦跳跳地帮助啄去地里的杂草和害虫。舜历山垦荒象帮耕鸟帮耘的故事也就成了千古美谈，是"得道多助，失道寡助"的又一例证。

中国神话传说中的主角都是道德完人，如前面所述的炎、舜，平等温和、勤奋俭朴、吃苦耐劳、敬天悯人，因此能得上天之助，因此才可以有象耕鸟耘故事的出现。

朱柏庐《朱子家训》说："一粥一饭，当思来之不易；半丝半缕，恒念物力维艰。"姚氏家训："咬得菜根，百事可做。骄养太过的，好看不中用（姚舜牧《药言》）。"吕氏家训："传家两字，曰读与耕。兴家两字，曰俭与勤。安家两字，曰让与忍（吕坤《孝睦房训辞》）。"清代《睢阳尚书袁氏（袁可立）家谱》则明确指出："九世桂，字茂云，别号捷阳，三应乡饮正宾。忠厚古朴，耕读传家，详载州志。"

耕读与勤俭存在什么内在关系？耕读成为生活方式之后，还会习惯性地尊重起哪些规则？

黄士俊故居

有过农村生活经验的人可能会知道"自留地、自留山和自留草场"这几个概念。自留耕地以外，农民还可以获得适当数量的自留山，以鼓励植树造林，在牧区，集体牧民可划拨小片自留草场，用于饲养一定数量的自留畜。改革开放实行家庭承包责任制后，取消自留地，融合在承包地里。

我出生于20世纪70年代，十岁才随母亲离开农村到父亲所在的城市生活。因此，80年代在农村亲眼见到过热火朝天的农田耕种收割等劳动场景，也曾参与其中，也因而见到农田的构成、设置与使用情况。农村里，这些农田根据每户劳动力与村集体可分配的总耕地数量等因素分到每家的面积都不一样，但总算是成规则的一格格方块，各家农田集中起来成了一望无际的大片田野，空中俯瞰，形同井字，田野中阡陌与水渠纵横。各自耕种各自的田地，阡陌与水渠必须共用，若有拦截、堵塞，就必须重新填上、开通，否则就会有村委会或其他机构出面干预以维持秩序，农民平时在耕种时会互帮互助，当然多数是家族血缘关系之内的帮助，这就是在长期劳作中自动形成的规则。规则里，有分有总，有协助，也难免出现纠纷。

这种规则与个人与集体、家族与国家的关系是相通的。如众人在耕种实践中养成规则意识、习惯于尊重规则，则一切井然有序、事情顺畅，和谐美好气氛随处可见。井然有序一词最早见于清代王夫之《夕堂永日绪论外编》："以制产、重农、救荒分三事……井然有序。"然而，我们从古时的井田制可以看出"整整齐齐、有条理有秩序"的这种因耕种产生的规则早已有之。

"井田"一词，最早见于《谷梁传·宣公十五年》："古者三百步为里，名曰井田。"井田制出现于商朝，到西周时已发展成熟。到春秋时期，由于铁制农具的和牛耕的普及等诸多原因井田制逐渐瓦解，战国时期，商鞅在秦国推行变法，秦孝公废除了井田制度。井田制在长期实行过程中，从内容到形式均有发展和变化。西周时期，把耕地划分为多块一定面积的方田，耕地阡陌纵横，形同井字，周围有经界，中间有水沟，在井田的田与田、里与里、成与成、同与同之间，分别有大小不同的灌溉渠道，叫遂、沟、洫、浍，与渠道平行，还有纵横的通行道，叫径、畛、途、道。各种渠道的大小、深浅和通道的宽窄，都有一定的规格。这些情形，与上文述及的当今农田规划何其相似！

尽管当前主流观点认为，由于商鞅推行土地私有以及铁器、牛耕的推广导致井田制消失，但三千年前的井田制养成的"千耦其耕""十千维耦"规则，何尝不是"家是小小国，国是千万家"的另一种表现？

南海西樵平沙岛耕读传家国学园

208

尽管农田自耕一方面养成小农意识，要突破小农意识，再辅以"读"，则格局因"诗礼"因眼界因追求而宽大；但另一方面却非常可取，农田自耕的长期延续，使中国农民成为最紧密跟从国家方向、遵守规则的群体。自古以来，只要告诉这个群体规则是什么以及遵守规则的重要性，执行方面就会如同三千年来阡陌纵横的井田一样水到渠成。

3. 从耕读中培养对大自然的好奇之心、创造性思维，从大自然获得创作灵感。

关于好奇心与创造性思维的心理学解释有很多，却大多不得要领。我认为，好奇心是指人在面对万事万物时因未知而产生的希望将未知变为已知的心理活动的统称；创造性思维，则是指能在客观事物的表象之中突破性地思索、寻找其内外联系，进而可以创造出新颖的成果的一种思维模式。

过往的研究表明，好奇心越重的人或动物，生存能力越强，因为他们不断探索各种物质的属性，获取了更多的知识来应对周边的环境。好奇心是个体学习的内在动机之一，是个体寻求知识的动力，是创造性人才的重要特征。具体而言，好奇心是人类的天性，对于青少年来说，一旦面临新奇的、神秘的事物，就会产生感官探究、动作探究、言语探究等三种形式的探究行为，正是通过这些探究行为，青少年有选择地了解周围事物，并积累大量生活经验。个体在好奇心的驱使下表现出来的观察、提问、操作、选择性坚持、积极情绪等有助于学习活动的有效进行，而古往今来的著名科学家都是具有好奇心的人，例如：牛顿对苹果从树上掉下来好奇因而发现了万有引力；瓦特对烧水壶冒出的蒸汽十分好奇最后改良了蒸汽机；爱因斯坦从小对罗盘有很强的好奇心；

伽利略看到吊灯摇晃而好奇发现了单摆；爱迪生小时候看母鸡孵蛋自己也尝试孵了一天；中国数学家周海中在农村当"下乡知青"时因对梅森素数产生好奇心而潜心研究这一数学难题，最终其研究成果被国际上命名为"周氏猜测"……

美国科学家约翰·曼森·布朗认为："感谢上帝没有让我的好奇心硬化，好奇心让我渴望知道大大小小的事情，这样的好奇心有如钟表的发条、发电机、喷射机的推进器，它给了我全新的生命。"美国学者希克森特米哈伊谈到好奇心的重要性时，明确提出，"通往创造性的第一步就是好奇心和兴趣的培养"。中国教育家陈鹤琴说"好奇心对于幼儿之发展，具有莫大作用，幼儿凡对于一切新的东西就产生出好奇心，一好奇就要与新东西相接近"。

从以上例子中，可以提炼出几个值得注意的词：创造性、第一步、大自然。

大自然容易引起好奇心、培养某些方面的兴趣，之后，创造性就容易出来了。有一个非常奇特的现象，似乎从事学术研究、教育、文艺创作的人更容易得出接触大自然有利于子孙后代的结论，这点上商人似乎要落于下风。比如，学术世家法国居里家族将"在大自然中培育子女探求真理的心"列为家训；教育世家印度泰戈尔家族的家训其中一条为："通过与子女一同漫游大自然，从而培养子女的想象力。"

下面我们再来看看创造性思维。"创造性思维是在一般思维基础上发展创造性思维起来的，是人类思维的最高形式，是以新的方式解决问题的思维活动。创造性思维强调开拓性和突破性，在解决问题时带有鲜明的主动性，这种思维与创造活动联系在一起，体现着新颖性和独特性的社会价值。"人类创造的成果，就是创造性思维的外化与物化，创造性思维是政治家、教育家、科学家、艺术家等各种出类拔萃的人才所必须具备的基本素质，很遗憾，这里仍然没有提到商人，其实商人也需要创造性思维，特别是商业模式的创造。

创造性思维是创新人才的智力结构的核心，是社会乃至个人都不可或缺的要素，是创造成果产生的必要前提和条件，而创造则是历史进步的动力；创造性思维能力是个人推动社会前进的必要手段，特别是在知识经济时代，创造性思维的培养训练更显得重要，其途径在于丰富的知识结构、培养联想思维的能力、克服习惯思维对新构思的抗拒性，培养思维的变通性。创造性思维大多数情况下是后天培养与训练的结果。卓别林为此说过一句耐人寻味的话："和拉提琴或弹钢琴相似，思考也是需要每天练习的。"

论述至此，似乎我们可以下结论了：好奇心是通往创造性的第一步，但缺乏创造性思维的培养与日常练习，好奇心仍只能止步于门外而无法最终成为人类前进的动力。在大自然中漫游、在土地中耕读，是培养好奇心最好的途径。

（1）创设了有效的学习环境。古希腊哲学家柏拉图和亚里士多德认为，哲学的起源乃是人类对自然界和人类自己所有存在的惊奇。创设具有新奇性、变化性与神秘性的物质环境，这种新奇应包括学生少见的、由物质材料之间相互作用所产生的变化带来的新奇性，容易引起学生情感与认知的倾向性，这种学习环境需要广泛利用各种资源，调动家长、学生积极参与学习环境的创设，组成学生学习共同体。各种生物共同体组成的耕种与且耕且读环境正是这样的多样性环境。

南海西樵平沙岛耕读传家国学园

（2）创设了积极的心理环境，提供积极的情感支持。心理氛围是一种情感活动状态，教学中应该创设积极的心理氛围，包括自由、民主、积极的情感互动，如春秋时期的孔子对于治学三种境界的见解，把好学、乐学作为学习活动的理想境界。明代王守仁认为学习中的愉快情绪体验对于儿童来讲，犹如时雨春风对于花草树木之生长一样重要。捷克大教育家夸美纽斯在他的《大教学论》中也指出："应该用一切可能的方式把孩子们求知与求学的欲望激发起来。"法国教育家卢梭指出"好奇心只要有很好的引导，就能成为孩子寻求知识的动力，问题不在于教他各种学问，而在于培养他有爱好学问的兴趣……这是所有一切良好的教育的一个基本原则。"

（3）在培养发散思维、直觉思维以及思维的流畅性、灵活性和独创性方面具有无法比拟的优势。

所谓发散思维，是指倘若一个问题可能有多种答案，那就以这个问题为中心，思考的方向往外散发，找出适当的答案越多越好，而不是只找一个正确的答案。人在这种思维中，可左冲右突，在所适合的各种答案中充分表现出思维的创造性成分。1979年诺贝尔物理学奖金获得者、美国科学家格拉肖说："涉猎多方面的学问可以开阔思路……对世界或人类社会的事物形象掌握得越多，越有助于抽象思维。"比如我们思考"砖头有多少种用途"，我们至少有以下各式各样的答案：造房子、砌院墙、铺路、刹住停在斜坡的车辆、做锤子、压纸、代尺画线、垫东西、搏斗的武器，等等。直觉思维是指不经过一步一步分析而突如其来的领悟或理解。很多心理学家认为它是创造性思维活跃的一种表现，它既是发明创造的先导，也是百思不解之后突然获得的硕果，在创造发明的过程中具有重要的地位。物理学上的"阿基米德定律"是阿基米德在跳入浴缸，发现浴缸边缘溢出的水的体积跟他自己身体入水部分的体积一样大，从而悟出的。又如，达尔文在观察到植物幼苗的顶端向太阳照射的方向弯曲时，就想到了它是幼苗的顶端因含有某种物质，在光照下跑向背光一侧的缘故。但在他有生之年未能证明这是一种什么物质。后来经过许多科学的反复研究，终于在1933年找到了这种植物生长素。

流畅性、灵活性、独创性则是创造力的三个因素。流畅性是针对刺激能很流畅地做出反应的能力。灵活性是指随机应变的能力。独创性是指对刺激做出不寻常的反应，具有新奇的成分。这三性是建立在广泛的知识的基础之上的。20世纪60年代美国心理

学家曾采用所谓急骤的联想或暴风雨式的联想的方法来训练大学生们思维的流畅性。训练时，要求学生像夏天的暴风雨一样，迅速地抛出一些观念，不容迟疑，也不要考试质量的好坏，或数量的多少，评价在结束后进行。速度愈快表示愈流畅，讲得越多表示流畅性越高。这种自由联想与迅速反应的训练，对于思维，无论是质量，还是流畅性，都有很大的帮助，可促进创造思维的发展。

4. 从耕读中培养美学思想与审美能力。

法国启蒙思想家狄德罗在《百科全书》中撰写了关于"美"的词条。他这样说："在我们称之为美的一切物体所共有的品质中，我们将选择哪一个品质来说明以美为其标记的东西呢？"他认为，这个品质就是"关系"："人们在道德方面观察关系，就有了道德的美，在文学作品中观察，就有了文学的美，在音乐作品中观察，就有了音乐的美，在大自然的作品中观察，就有了自然的美，在人类的机械工艺的作品中观察，就有了模仿的美。"

柏拉图则从对各种具体审美实践现象的批判切入，经过精致的类比论证，提出了"什么是美"就是"美是什么"的著名论断，而且还通过试探性的诘难式的讨论方式对美是"有用的""恰当""视觉和听觉产生的快感"等一系列概念进行了阐释和论证，最后得出只有"美本身把它的特质传给一件东西，才使那件东西成其为美"的形而上的结论。

当今中国社会，并不缺少美，我们缺少的是美学思想与审美能力。譬如，我们在城市经过路边正在盛放的木棉、杜鹃、牵牛花、梅花甚至樱花，熟视无睹，除了生活压力以致我们需要低头赶路之外，还因我们已迟钝得无法感知它们的美。享受同样委屈待遇的还有天边的晚霞、晨风细雨。相反，我们会一窝蜂地跨越千里万里去某一著名景点看两株樱花、一处雪景，因为别人都说那里很美。别人都去了，自己没去会很没面子，除了缺乏文化自信，更重要的原因是缺乏审美能力，并非"灯下黑"的缘故。譬如，我们已不懂欣赏书画、音乐；譬如，我们将不懂打扮不懂生活情趣视为务实；譬如，充斥于网络、纸质媒体、工作与日常生活中的"三俗"表达。

美学思想，是一种抽象的带有很强主观性的对美的思想认识，是人对事物的美的认识能力和审美评价能力的凝聚，融入了个人的思想感情和审美偏好；审美能力，是指感受美、鉴赏美、表现美、创造美的能力，包含审美感受力和鉴赏力、审美表现力和创造力、正确的审美观念等三个方面。

而在诗经、汉赋、唐诗、宋词里，无处不透出中国式的含蓄雍和之美，仅仅是告诫式的家训匾额或居所名称，也时常可见"晴耕雨读""半半山庄""稼轩"等字样。关于耕读的诗句尤以田园诗千载之下仍然叹赏不已：

"采菊东篱下，悠然见南山。山气日夕佳，飞鸟相与还（东晋·陶渊明，《饮酒》）。""千山鸟飞绝，万径人踪灭。孤舟蓑笠翁，独钓寒江雪（唐·柳宗元，《江雪》）。""空山新雨后，天气晚来秋。明月松间照，清泉石上流（唐·王维，《山居秋暝》）。""去年今日此门中，人面桃花相映红。人面不知何处去，桃花依旧笑春风（唐·崔护，《题都城南庄》）。""疏影横斜水清浅，暗香浮动月黄昏（北宋·林逋，《山园小梅》）。""和羞走。倚门回首，却把青梅嗅（宋·李清照，《点绛唇》）。""半榻暮云推枕卧，一犁春雨挟书耕（明·徐勃，《过荆屿访族兄文统逸人隐居》）。"

中国古代文学作品中，以上美到灵魂深处的画面俯拾皆是，对于今人却是可望而不可即，对美的理解、美学感受能力已是不可同日而语。德国哲学家黑格尔说，"音乐是流动的建筑，建筑是凝固的音乐"，这样的美学感悟，在当今"千人一面"的城市建筑中，没有画面感的流行歌曲的生产者的价值判断中，也许只是小时候听到的类似于白雪公主的童话。而在曾经的过去，我们国家的无数人才呈现给大家的，却是一场场美的盛宴。

我认为，美学能力是一种需要柔软的心加上时常训练的能力，感知正义、人格之美是更高层次的美学能力。美与艺术来自生活，没有丰富的生活素材与对大自然之美的体会，我们的内心仍将是铁门把守、春风不度。

元代画家兼诗人王冕，号煮石山农，在《耕读轩》中把耕读的作用提到很高的程度，"古来贤达人，起身自耕牧。买臣负薪歌，倪宽带经读。"王冕是个天真质朴的农民，七八岁时，父亲叫他在田埂上放牛，他偷偷跑进学堂，去听学生念书以致把放牧的牛丢失。著作郎李孝光欲荐作

顺德碧江金楼

府吏，冕宣称："我有田可耕，有书可读，奈何朝夕抱案立于庭下，以供奴役之使！"隐居会稽九里山，种梅千枝，筑茅庐三间，题为"梅花屋"，自号梅花屋主，以卖画为生，制小舟名之曰"浮萍轩"，放于鉴湖之阿，听其所止。又广栽梅竹，弹琴赋诗，饮酒长啸。

姜太公垂钓渭水，得遇明主，诸葛亮出仕之前躬耕陇亩，而有《隆中对》。在中国古典文学中，"渔樵耕读"是智者的化身，《三国演义》开篇词就蕴含这样的判断："白发渔樵江渚上，惯看秋月春风，一壶浊酒喜相逢，古今多少事，都付笑谈中。"

第六章

第一节　家风创造性传承的必要性

一、中国文化之家训史，本身是一部从无到有、从有到不断创新的历史

"道德传家，十代以上，耕读传家次之，诗书传家又次之，富贵传家，不过三代。"这是前人对中国自周初以来三千年无数家族兴衰史的感悟与总结，出自何人之口、何时出现已不可考，现普遍的观点是由《孟子·离娄章句下》"君子之泽，五世而斩"演变而来。我认为，此话的出现应在宋以后，民国之前。一是因为，家训之"耕读传家"出现于五代十国，兴起在宋以后，二是因为这种总结性的感叹需要足够多的家族兴衰事例的积累，需要相当长的时间；三是因为句式的写法，今人可仿效，但从近数十年来的种种情况来看，出现的可能性不大。

前面我们已经论证过，"君子之泽"若不发展为以容易落实于行动的家训系统进行建构、从而树立良好家风的"家族之泽"，很快就会断绝，无法传承下去。三代或五世，只是三十步与五十步的量上的微小差距。这种情况，还未必是子孙们坐享其成、不思进取所导致。

二、耕读传家的载体在发生变化，需要以新的形式适应时代的发展

进入21世纪，随着中国在后工业时代的纵深发展，城市在延伸，以农业、农田、农耕为主要载体的农耕文明渐行渐远，尽管我们认为农耕文明在事实上并非与工业文明是非此即彼的对立关系，但此消彼长却是时代呈现的趋势。那么，摆在时人面前的一道难题将是："耕读传家"作为家训既然这么重要，既然有存在下去的必要，当下应该怎么办？

方法论是普遍适用于各门具体社会科学并起指导作用的范畴、原则、理论、方法和手段的总和，简言之，就是关于人们认识世界、改造世界的方法的理论。它是人们用什么样的方式、方法来观察事物和处理问题。概括地说，世界观主要解决世界"是什么"的问题，方法论主要解决"怎么办"的问题，会对一系列具体的方法进行分析研究、系统总结并最终提出较为一般性的原则。

事物的发展不会一成不变，正如中国家训史的发展变化一样，变是常态，变与不变需要辩证地统一起来。

因此，关于家训之"耕读传家"当下及未来的推进，我们开出的药方是：创造性传承。

顺德碧江金楼

第二节 创造性传承的方法

一、耕读之耕，必须寻求物理空间上的延伸，以文化为路径实现对原载体在两个方向上的突破

（一）同向发展，由小变大：自耕式向规模化农场、乡间庄园式转变

古代之耕，以自己全程参与的耕种为主，属自给自足的自然经济，有封地的诸侯、王公大臣在内的大地主及其继承者则以直接或间接组织指挥他人耕作的方式参与其中，偶尔有兴趣下田者，

属于体验性质。

市场经济条件下，随着近年国家在政策上对农业的大力扶持，农业发展前景一片光明，越来越多的商人、文化人到广大的农村去建设经营集约化、规模化的现代农场，或者生态农庄。文旅小镇、特色小镇，亦是响应"绿水青山就是金山银山"的号召，其中相当一部分也是耕读传家之耕的现代创造性应用。

未来的中国，将会出现不少优秀的田园综合体。欧美国家的乡间，就散落着个少大规模农作物种植园，如法国西南部城市波尔多的圣艾美浓、梅多克、波美侯、格拉夫和苏玳等五大产酒区，每个产区都有很多表现非常好的家族式酒庄、葡萄园，既传统又具有现代气息。

南海西樵平沙岛耕读传家国学园

（二）反向发展，由大变小：从以耕为生变为休闲之耕

1. 田地之耕变为城市居所之耕

我们的国家曾有"耕读小学"这么一种学校类型。"耕读小学"的初衷是，在文化资源严重不足的农村普及小学教育的一种过渡性教育组织。20世纪50年代末、60年代初，鉴于广大民众子弟亟须接受基础教育的现状，积极倡导发展"耕（工）读小学"制度。仅1958年统计的半农半读、半工半读小学近八十五万所，当时全国有五分之一多的在读小学生分布在此类学校中。尤其是1964年，"半工（农）半读学校取得较快的发展，成为中国教育体系中的重要组成部分"。

21世纪开始的短短十数年，城乡二元化结构逐步被打破，越来越多的农民变为居民，中国的城市化道路为大势所趋，耕读传家之耕的载体亦需要与时俱进，田地之耕变为城市居所之耕亦应成为趋势。

在办公室的造景墙、间隔区、走廊与公共区域，生活居所的小院子、阳台、屋顶、天台，有土种植或利用无土技术种植各色花果植物，既养眼、增添情趣，又净化空气、提升工作效率，地方较大者，还能直接种上食用水果蔬菜，满足部分日常之需。上述各种功能兼备之余，实际上就是传统耕种上的创新举措，我称之为办公室农场、微型农场、家中农场。

例如，碧桂园总部办公大楼，就是一个办公室农场，越来越多的大企业已明白，让城市中的员工置身于办公室农场，绿色健康、效率提升、群体和谐、节省能源、企业形象等方面作用显著。

2. 农林渔牧之耕变为与植物相关的艺术之耕

拥有一方小庭院，是无数当代人一生的梦想。据媒体报道，舞蹈家杨丽萍家的小庭院妙不可言，简直可以"采菊东篱下，悠然见南山"，又或"东篱把酒黄昏后，有暗香盈袖"。

日本的庭院艺术，则大多以禅意的简洁、质朴、静穆、优雅为主。日本的文化至今葆有太多中国唐宋时期的影子。这里要提及的花道，也被很多人称为插花艺术。花道并非植物本身，也不是将花材进行简单的堆积，而是一种情感的表达和创造。花道起源于中国隋朝的佛堂供花，随着日本的遣隋使传入日本。就像茶道传入日本一样，花道也被日本人学习和改进，融入自己民族的文化和内涵，成为文化教育的一个重要环节。

从耕读传家的当下创新角度而言，我们也可以引导现有的插花爱好者在厅、房、洗手间、阳台等可用空间实践花艺，将农林渔牧之耕变为与植物相关的艺术之耕。

佛山里水吕氏祠堂

（三）耕读之耕内含上的有限度外延，实现文化之耕

1. 舌耕

原指教书育人。我认为，可泛指一切以口劳作，如电视节目主持人、相声演员。

2. 笔耕

以笔代耕，泛指写作。

南朝·梁任昉《为萧扬州作荐士表》："既笔耕为养，亦佣书成学。"元代萨都剌《寄王金宪》诗："有酒从人饮，无田藉笔耕。"晋王嘉《拾遗记》卷六《后汉》："（贾逵）经史遍通，于闾里每有观者，称云振古无伦。门徒来学，不远万里，或襁负子孙，舍于门侧。皆口授经文，赠献者积粟盈仓。或云：'贾逵非力耕所得，诵经舌倦，世所谓舌耕也。'"

3. 砚耕

以砚墨进行创作，泛指书画家的创作。

清代钮琇《觚賸·睐娘》："生以不给家食，为砚耕之谋。"

4. 道耕

亦称耕道，致力于追求真理。

汉代扬雄《法言·学行》："耕道而得道，猎德而得德，是获飨已。"

我认为，耕读传家之耕，如果延伸至所有的劳作是不恰当的，这会造成泛耕化，就如在致力文化复兴的前提下，时人将工作与生活中的任何情形、实物都冠以"文化"的泛文化现象。文化，是指人类在生存与发展过程中，为表达对世界与自身的认识与感受或为改变、实现自我价值而创造出来的所有活动及其载体，但作为文化种类，仍需进行归纳与界定，否则会造成边界模糊、混乱，

失去边界框定的意义。

因此，尽管耕读传家之耕由传统的耕种扩延至整个第一产业的农、林、牧、渔，亦是我所提，但我坚持认为，延伸至此就好，因为第二产业尤其是第三产业的范围过于广泛，已涵盖了人类工作与生活的所有角落，若不进行内容上的界定，泛耕化将使"耕读传家"成为"盲人摸象"，各有各的说法与感悟，耕读传家将成空话、套话、大话，不仅不是对耕读传家文化瑰宝的传承，反而是毁坏，这是作为文化研究者、教育者所不愿看到的局面。此处所述的心耕、舌耕、笔耕、砚耕、道耕，均非实体，需要我们在了解"耕"之更广泛外延后，将耕的勤俭、感恩、务实、求真等精神指导我们的耕读传家实践，并非提出以此进行耕之有形边界外延。

二、耕读之读，从两个方向上突破

（一）从实物之读变为线上虚化之读：线装书变为电子书

如今，虚拟化阅读成为普遍现实。文化复兴不是单纯的复古，当古之社会环境、文化语境已"不古"，需要欣然接受且加以符合文化发展规律的创新，方为正确的传承。今人及未来之人需要习惯在互联网上耕读之"读"，只是在实施这一切行为时，需要秉承耕读传家的精神，以区别于时称之"碎片化"阅读、功利性学习、跟风式创作、应付式研究。

（二）从耕、读分离之读变为耕读一体化之读

1. 田地之中同耕同读，网格式教育农场

"耕为本务，读可荣身。""耕以立其基，读以要其成。"

画家刘付忠富为本书创作的配图

耕读包含了体力与脑力两种劳动，是锻炼人的方式。颜之推在《颜氏家训》中说，如果只读书，不了解农业，不参加农业劳动，"治官则不了，营家则不办"，如果不是通过在大自然中劳动来体悟人生，无法当好家，做好官。所以，"读"要有所成就，不仅是考取功名。

我们已经论证过"耕"与"读"的逻辑关系是递进式关系。以"耕"立基，之后佐以"读"，方可"荣身有成"。

　　现代耕读传家的耕读方式不能一成不变。变分耕分读为同耕同读，应该是一种积极的尝试。

　　具体方式是：

　　家族中人、圈子中人，或由学校等团体机构组织、到无限广阔的天地中去同耕同读，开辟、创设第三、四、五课堂——我将家庭中父母对子女的教育视为第一课堂；将耕读理论课的课堂视为第二课堂；将耕读课程走进全日制学校的课堂视为第三课堂；将专门开辟的网格式同耕同读亲子农场视为第四课堂；将耕读传家万里行课程视为第五课堂。不妨将此归纳为耕读传家之"五课堂"说。

　　网格式同耕同读亲子农场，我们不妨称为"耕读传

耕读公祠对联上

家农场"。是指将宽阔的农场分成较小面积的耕作之地，由学生与家长以同耕同读形式推行耕读传家家训的快乐教育型农场。

2. 定点的静态之读变为不定点的动态之读

定点于学校、田间地头之读，长期而言，氛围仍显单调，内容仍显单薄，手段仍显单一，对于耕读传家来讲，仍有不足，先贤所言"读万卷书，行万里路"，"行"重要表现是耕读传家之"传"的必要途径。

我将此称之为"耕读传家万里行"，不妨委托学校等教育机构创办这样的课程。

时代是能影响人的意识的所有客观环境。时代绝不简单地等同于年代，时代是与人紧密联系的时空概念。无论时代如何转换，"自有人始，即有家训"，五代十国时期章仔钧首倡的"耕读传家"自宋以后获得广泛的认同与推广，王阳明、朱熹、曾国藩、左宗棠亦深受其影响，所不同的是，大体上，明确以"耕读"传家的家族，走得更稳、更好、更远；不

耕读公祠对联下

明确以"耕读"传家的家族，具有了更多不确定性。"摩顶放踵利天下，为之"（孟轲《孟子·尽心上》），耕读传家需要传之久远，千年以来已成国人普遍共识。承载耕读传家任务的家族中人、每一位中国人，需要"领进来，走出去"，需要"足迹辽阔"，在无限天地中结合中国传统文化感悟大地、国土、家风之恩与德，在"天下之本在国，国之本在家，家之本在身"的家国情怀中，进一步于大自然中领略耕读要义。

后　记

"中国的问题出在文化上，是我们的文化病了。"那一天，看着书，突然冒出这么一个念头，从此，一发不可收拾，再也没有兴趣写什么"岁月静好""清风，明月，鸟语花香"之类的文章。那一刻，突然觉得很悲壮，因为我知道，我要拿起另外一支笔，进入文化学领域。在文化学尚未成为一门专门学科的今天，为此，我将要付出什么，又将要舍弃些什么？

这一年。公元2007年。

耕耘三年，之后，社会也给予了很多之前从未有过的回报，各种名衔、虚职、采访纷至沓来，然后是各种见面。那时，运用手中掌握的文化学原理、一点研究心得，每逢遇到与文化直接相关的有奖征文，几乎达到"只要参加就能拿奖"的地步。那时，隐隐感觉到，这条路似乎是走对了，社会也需要我们这样的努力。然而，之后，是持续数年的沉寂。原来，所谓的"文化名人""著名文化学者"，统统只是媒体好意的过誉，一阵风过后，所有的一切也只是擦肩而过。这其中，更多地见证了人性，以及包括自己在内的大家早已司空见惯了的各种庸常的嗔痴与小恶。

这些年，同样地，也得到了一些人的帮助，譬如这本书，在旁人无法体会的艰难困苦环境下写作，要罗列的感谢名单就很长，略举一二，譬如专门为本书创作耕读传家系列插图的画家刘付忠富、赠与墨宝的笔名为雄图的书法家吴雨谦、提供图画的佛山平沙岛耕读传家国学园，譬如愿意为本书出版发行而奔走的潘洁与苏昕，譬如担任本书顾问的陈兵、罗碧珊，譬如曾为本书的内容或其他方面提供过一定帮助的李海全、陈远鹏、王海军、张晨光、何君君、朗希玲、唐晓峰、陈文莲、张宝财、李瑞娟、黄炳健、杨浩、李育堂、张永干、曾嵘、赵丹彤、黄景瑜、冯玉凌、陈美翠。

本书扩充自拙文《论家训之耕读传家对于当下国人与青少年的意义》，写作手法在学术著作当中来说，应当是相对轻松有趣的了，下笔之时，就希望所有能看到此书的人，掩卷沉思之余还能露出那么一点微笑，觉得阅读的过程还是得到了一些愉悦感的。

本书从开笔至付梓，历经两年，时间不长，由于匆忙难免会有错漏之处，但却是四十多年人世阅历与十多年文化研究的结晶。书稿寄出当天，如释重负，至于作品口碑，自送到读者手里之日起，已不是作者所能控制得了的了。在这过程，终于深深体会到呕心沥血的滋味，多少个写至凌晨四五点的日子里，每当写得腰酸背痛起来活动筋骨，或因长时间写作而眼睛刺痛强迫自己中场休息的时候，每当为了第一手资料或求证某个事实而驱车千百公里去做田野研究的时候，每当"日有所思夜有所梦"突因灵感跳起记录梦中所思的时候，就会想着作品的彼端应该有着很多期盼的眼睛。

也许，对于此书，对于以上想法，过于一厢情愿了，但愿不是如此，"为众人抱薪者，勿使冻于风雪"，为我抱薪者，亦应得到回报，方为人之初天之理，但愿更多的人加入研究中国文化的行列中来，但愿更多的人成为抱薪者。

薪火相传，星星之火可以燎原。

深深地爱着我们的祖国，深深地爱着我们脚下这片厚实的土地。

深深祝福。祝福看到这本书的读者们，祝福我们的祖国，祝福我们祖国日益昌盛，祝福伟大的"中国梦"早日实现！

邓箫文

2019年5月28日